改革创新试验教材

供护理类专业用

口腔设备仪器使用与维护

总主编　毕小琴　姚永萍

主　编　徐庆鸿　叶　宏

副主编　杨　晖　林　洁　冯　婷

编　者（以姓氏笔画为序）

叶　宏（四川大学华西口腔医院）　　　　陈　文（四川大学华西口腔医院）

付小静（四川护理职业学院）　　　　　　林　洁（四川大学华西口腔医院）

冯　婷（四川大学华西口腔医院）　　　　岳　莉（四川大学华西口腔医院）

毕小琴（四川大学华西口腔医院）　　　　姚永萍（四川护理职业学院）

刘媛媛（四川大学华西口腔医院）　　　　徐庆鸿（四川大学华西口腔医院）

杨　晖（四川大学华西口腔医院）　　　　唐文琴（四川大学华西口腔医院）

吴小明（四川大学华西口腔医院）　　　　黄　艳（四川大学华西口腔医院）

宋　宇（四川大学华西口腔医院）　　　　鲁　喆（四川大学华西口腔医院）

张　莉（四川大学华西口腔医院）　　　　廖　玍（四川大学华西口腔医院）

张亚露（四川护理职业学院）

人民卫生出版社

·北　京·

图书在版编目（CIP）数据

口腔设备仪器使用与维护/徐庆鸿，叶宏主编. —
北京：人民卫生出版社，2020.11
ISBN 978-7-117-30809-0

Ⅰ．①口… Ⅱ．①徐…②叶… Ⅲ．①口腔科学－医
疗器械－高等职业教育－教材 Ⅳ．①TH787

中国版本图书馆 CIP 数据核字（2020）第 211343 号

人卫智网	www.ipmph.com	医学教育、学术、考试、健康，购书智慧智能综合服务平台
人卫官网	www.pmph.com	人卫官方资讯发布平台

口腔设备仪器使用与维护
Kouqiang Shebeiyiqi Shiyong yu Weihu

主　　编：徐庆鸿　叶　宏
出版发行：人民卫生出版社（中继线 010-59780011）
地　　址：北京市朝阳区潘家园南里 19 号
邮　　编：100021
E - mail：pmph @ pmph.com
购书热线：010-59787592　010-59787584　010-65264830
印　　刷：河北新华第一印刷有限责任公司
经　　销：新华书店
开　　本：787×1092　1/16　　印张：10
字　　数：250 千字
版　　次：2020 年 11 月第 1 版
印　　次：2020 年 12 月第 1 次印刷
标准书号：ISBN 978-7-117-30809-0
定　　价：45.00 元

打击盗版举报电话：010-59787491　E-mail：WQ @ pmph.com
质量问题联系电话：010-59787234　E-mail：zhiliang @ pmph.com

序 言

随着人民群众对口腔保健与治疗的需求不断增加，口腔专科医院、诊所数量呈逐年上升趋势，从事口腔专业的护士数量也逐年增加，对新入职口腔护士从事临床护理工作的基础理论、基本知识和基本技能的要求越来越高。高等护理职业教育以适应社会需要为目标，以培养技术应用能力为主线来设计学生的知识、能力、素质结构和培养方案。强调理论教学和实践训练并重，毕业生具有直接与岗位对接的工作能力。因此，急需要一套与临床工作相适应、疾病病种涵盖面广、护理相关知识内容丰富、专业性强、实用性高的口腔护理职业培训教材。

四川大学华西口腔医院始建于1907年，是我国第一个口腔专科医院，作为中国现代口腔医学的发源地，华西口腔医院为中国口腔医学、口腔护理学的发展作出了巨大贡献，培养了一大批口腔医学、口腔护理学的专家、栋梁和人才。四川护理职业学院于1999年开始与四川大学华西口腔医院合作，在实践教学过程中不断深化医教协同，立足口腔护理专门化方向的发展，双方通过共同制订人才培养方案、教研活动、师资培养等，优化资源，解决了高等职业院校缺乏高水平、临床经验丰富的师资的重大问题。但是，高等职业院校开设口腔护理专门化方向班缺乏专业教材是一个制约专业发展的大问题，双方合作开发本套教材是实施"三教"改革的务实之举。在"护教协同"理念指导下，采用"医护教"新模式培养学生，以适应社会需要为目标，以培养技术应用能力为主线来设计学生的知识、能力、素质结构和培养方案。

本套教材共5册，包括《口腔颌面外科护理技术》《口腔内科护理技术》《口腔修复与正畸护理技术》《口腔医院感染管理》和《口腔设备仪器使用与维护》。本教材特点：①以临床案例导入，护理程序为基线，突出了以病人为中心的护理理念，系统讲解了口腔内科、口腔颌面外科、口腔修复与正畸科常见疾病病人的护理技术；阐述了口腔医院感染的特点和管理要点；介绍了口腔科常见设备、仪器的使用和维护要点。兼具新颖性和实用性。②体系完整，各分册既能独立成册使用，又可交叉融合，对多学科会诊、多专业联动有较强的指导意义。③编写了学习目标、思考题和教学大纲（参考），有利于教师教学和学生学习。④内容周详、重点突出，图文并茂，具有很强的可阅读性和可操作性，对教学及临床都有很好的指导意义。本系列教材是四川大学华西口腔医院与四川护理职业学院20年院校协作的成果，印证了四川大学"海纳百川，有容乃大"的校训，体现了四川护理职业学院"五爱五尽"家校情怀的价值观，医教协同必将行稳致远。

衷心感谢四川大学华西口腔医院和四川护理职业学院积极组织并完善了本套教材！感

谢主编团队及所有参与撰写的作者们！感谢所有关心中国口腔护理事业发展的读者和朋友们！

毕小琴　姚永萍

2020 年 3 月

前　言

随着口腔医学理论和技术的飞速发展、医学模式的转变,世界工业技术及牙科设备、器械不断改革,信息技术、知识库群和网络的融入,各种新技术的采用,交叉学科的支撑,在全世界范围内逐步建立了一套完整的口腔医疗设备研制和开发的体系。口腔医护工作者在临床每天使用大量的、品牌和规格不同的口腔设备。这些口腔设备融合了更多高新技术,一方面满足了患者医疗的需要,但同时也给医护工作者提出了更高的要求。想要掌握和熟悉口腔专科设备的性能、简单故障的识别和排除,提高使用率,预防及减少事故的发生,需要有效的学习方法、途径和教材。因此,标准、规范的《口腔设备仪器使用与维护》专科教材的编写及出版,能有效、全面和系统地提高口腔专业护士掌握这方面理论和口腔设备仪器使用、维护保养与简单维修技术的能力。目前国内的高等职业院校还缺乏相关的教材,本教材的出版将填补国内该专业领域的空白。

本教材来源于口腔设备学,为专门讲授口腔设备种类、口腔专科仪器设备的使用和维护技术及管理的专业技术类教材。其主要内容包括绪论、口腔设备与信息技术、口腔设备的管理、口腔综合治疗台、口腔四手操作技术与环境设备要求、口腔内科临床设备、口腔颌面外科仪器设备的使用和维护、口腔修复仪器设备、口腔医学图像成像设备、口腔医院正压供气系统与中心负压抽吸系统以及口腔清洗消毒灭菌设备。高等职业教育护理类专业学生通过对本教材的学习,不仅能够掌握以上专业知识,还能在临床上正确使用、维护和管理口腔专科仪器设备,更好地服务于临床工作。此外,本书也可作为口腔医生和各级口腔护理人员口腔专科仪器设备使用的工作手册与指南。希望本教材的出版能对大家的专业工作有所帮助。

诚然,由于编者的能力、学识及写作水平所限,疏漏之处在所难免,敬请读者批评指正。在此感谢全体编委的辛勤努力!

徐庆鸿　叶　宏

2020 年 8 月

目 录

第一章

绪　论

> **学习目标**
> 1. 掌握设备学的定义。
> 2. 熟悉口腔设备的标准化的定义；口腔设备的管理监督。
> 3. 了解口腔医疗设备的分类；口腔设备学的传承与发展。

在口腔临床诊疗及教学、科研工作中，口腔设备起着举足轻重的作用。口腔诊疗技术的发展促进口腔设备的发展，口腔设备的改进又加速了口腔护理专业的发展。

◀ 第一节　口腔设备学的发展史 ▶

一、口腔设备学的定义

口腔设备又称为牙科设备，是实现口腔医学和临床技术在口腔医疗、教学、科研、预防等领域发挥重要作用仪器设备的总称，是医学技术装备的重要组成部分。口腔医疗设备的革新与世界工业技术和科学技术的进步、口腔材料的发展、信息技术的变革有着密切的关系；口腔设备的更新，必然促进口腔医学理论与技术发生新的变革，充分显示了口腔医疗设备在口腔医学中的地位和重要作用。口腔设备学就是在此基础上逐步形成和发展起来的。

口腔设备学是口腔医学与自然科学密切结合并在实践中逐步发展而形成的一门新型学科，它主要研究口腔医学技术装备的理论基础、运行过程及发展变化的基本规律；探究在临床使用、维修和管理上的实践经验；从卫生事业和口腔医学发展的需要出发，综合运用多学科的理论和方法，研究和探讨口腔医疗设备发展的学科。

二、口腔设备学的传承与发展

20世纪60年代初，在原华西医科大学口腔医院便开始了口腔设备学的教学，当时主要是请修造室技师为学生讲授口腔综合治疗机、牙椅及牙科手机的相关理论、构造、工作原理和操作保养方法，帮助口腔临床实习学生正确使用设备。

1986—1989年，原华西医科大学口腔医院决定由设备科为本科生开设口腔设备讲座，在讲解各种设备的原理结构与操作保养知识的同时，组织学生生产实践。改革开放以后，原华西医科大学、原第四军医大学、原北京医科大学等大学的口腔医学院为了适应先进设备与技术的引进，相继举办了口腔设备维修技术培训班，联合生产厂家举办新设备和新技术临床应用和推广学习班，为全国培养了设备维修骨干。

1990年，在原华西医科大学、原北京医科大学、原上海第二医科大学、原第四军医大学、原湖北医科大学、原白求恩医科大学六所大学的口腔医学院专家、教授和口腔设备管理人员参加的口腔设备管理研讨会上，决定编写统一教材。1994年，原华西医科大学张志君、原北京医科大学沈春主编的《口腔设备学》教材，由北京医科大学中国协和医科大学联合出版社出版。

1995年，原华西医科大学口腔医学院率先在口腔医学生中开设口腔设备学必修课。此后，北京大学、中山大学等近20所大学的口腔医学院及专科学校也相继开设了该课程。

2001年，张志君教授主持主编的《口腔设备学》(修订版)由四川大学出版社出版。

2002年，中华口腔医学会口腔医院专业委员会装备管理学组成立，张志君教授任学组组长，开展了"口腔医疗设备与交叉感染控制"课题的研究。学组联系日本NSK株式会社与四川大学华西口腔医学院合作，进行了NSK防回吸手机的实验及临床研究。

2006年以来进行了口腔医疗供水、供气的污染与消毒灭菌及卫生配置标准课题研究；编写《口腔医学专业术语词典》，开发口腔设备与器材的计算机编码标准，以供上级主管部门或各医疗机构参考使用。

口腔设备学是口腔医学的重要组成部分，其发展与多学科，特别是理、工、医学等学科有着极其密切的关系，这一领域的研究和教学工作随着科学技术的进步将会有更多的人才参与，推动口腔设备的飞速发展。

◀ 第二节 口腔设备的标准化建设与管理 ▶

一、口腔设备的标准化建设

（一）口腔设备的标准化的定义

口腔设备的标准化是评价口腔设备质量和性能的技术文件，包括产品标准、安全标准和技术要求，是产品的质量规范。生产厂家根据质量标准技术文件的要求生产某种设备，质量测试符合发布标准，并必须向有关质量管理部门申报后方可进入市场销售和使用。

（二）口腔设备的标准化建设与发展

国际标准化组织(International Standards Organization，ISO)和世界牙科联盟(Fédération Dentaire Internationale，FDI)自20世纪50年代以来制定了多项口腔设备器械材料的国际标准项目、计划、技术规范；建立了对器械等技术装备的质量控制和标准体系，促进标准化工作的普及、发展、提高及科技等领域内有效合作；使国家和地区间产品、信息得以广泛交流。

1987年，ISO颁布了国际标准ISO9000～9004，并成立了牙科技术委员会，即ISO/TC106 Dentistry，作为ISO的分支机构。牙科技术委员会负责为各类口腔设备、器械和材料制定标准化的专业技术、术语、测试方法和质量规范，为口腔医疗机构和口腔医生提供了正确选择和使用口腔设备器械的标准。

二、口腔设备的管理监督

全国口腔材料和器械设备标准化技术委员会（编号 TC99）于 1987 年成立，负责规范使用口腔设备和器械材料以及开展标准管理工作。

医疗器械产品质量监督、注册管理、新产品临床试用、产品检验、广告审查开始于 1995 年并出台若干规定、条例和标准如下：

1.《医疗器械监督管理条例》（中华人民共和国国务院令第 276 号），2000 年 1 月 4 日发布。

2.《医疗器械说明书、标签和包装标识管理规定》（原国家食品药品监督管理局令第 10 号）。

3.《医疗器械生产监督管理办法》（原国家食品药品监督管理局令第 12 号）。

4.《医疗器械注册管理办法》（原国家食品药品监督管理局令第 16 号）。

5.《医疗器械生产企业质量体系考核办法》（原国家食品药品监督管理局令第 22 号）。

6.《医疗器械标准管理办法》（试行）（原国家食品药品监督管理局令第 31 号）。

7.《一次性使用无菌医疗器械监督管理办法》（暂行）（原国家食品药品监督管理局令第 24 号）。

8.《医疗器械临床试验规定》（原国家食品药品监督管理局令第 5 号）；《消毒管理办法》。

9. GB9706.1—2007《医用电气设备第 1 部分：安全通用要求》。

10. 牙科治疗机同时也要执行 YY/T1043—2004（ISO7494：1996，DDT）《牙科治疗机》（2005 年 9 月 1 日实施）行业标准中对电气安全的要求，牙科病人椅执行 YY/T0058—2004（ISO6875：1995，IDT）《牙科病人椅》（2005 年 9 月 1 日实施）行业标准中对电气安全的要求。

◀ 第三节 口腔医疗设备分类与发展特点 ▶

一、口腔医疗设备的分类

（一）按照使用与临床功能分类

1. 公用基本设备 口腔各科共同使用的设备，包括口腔综合治疗牙椅、牙科手机、空气压缩机、消毒灭菌设备等。

2. 口腔门诊临床设备 主要用于口腔各类临床诊断、治疗的设备，如龋病早期诊断设备、数字化电活力测试仪、根管内镜、根管长度测量仪、光固化机、激光治疗机、根管疾病诊治设备、超声洁牙机、口腔内镜等。

3. 口腔修复设备 可分为计算机辅助设计（computer aided design，CAD）与计算机辅助制造系统（computer aided manufacturing，CAM）、石膏打磨机、抛光打磨机、压膜机、电脑比色仪、3D 打印机等其他辅助设备。

4. 口腔颌面外科设备 主要用于口腔颌面部疾病以及颞颌关节疾病诊断和治疗的设备，包括颌骨骨锯和颞颌关节镜等具有口腔特殊用途的仪器和设备、各类手术设备、麻醉管理系统与监护仪等。

5. 口腔医学图像成像设备 主要用于牙体、牙𬌗、颌面及颞颌关节疾病的诊断设备，包括口腔曲面体层 X 线机、计算机 X 线体层摄影（CT）、牙科 X 线机等。

（二）按照设备的基本结构和原理分类

1. 机电设备 一般指机械、电器及电气自动化设备的统称。在口腔领域主要有口腔综合治疗台、3D 打印机等。

2. 超声设备 超声波是一种振动频率高于声波的机械波，它具有频率高、波长短、绕射现象小，特别是方向性好、能够成为射线而定向传播等特点。在口腔领域，超声设备有超声洁牙机、超声清洗机、超声骨刀等。

3. 光学设备 由单个或多个光学器件组合构成。光学仪器主要分为两大类，一类是成实像的光学仪器；另一类是成虚像的光学仪器，如根管显微镜、光固化机、口腔内镜等。

4. X 线设备 X 线机是产生 X 线的设备，如牙片 X 线机、数字化 X 线诊断设备、计算机 X 线体层摄影等。

（三）按照仪器设备价值分类

1. 一般仪器设备 分为专用设备和低值设备。单价在 800 元以上的设备为专用设备；单价在 800 元以下的设备为低值设备。

2. 大型设备 现代医院使用的市值较高、体积较大的医疗设备，有 CT 机、磁共振成像系统、DR（digital radiography，数字 X 射线摄影）系统、X 线机等。

3. 贵重精密设备 根据国家有关部委规定的设备。

二、口腔医疗设备的发展特点

（一）口腔医疗设备的高新技术融合

1. 随着医学模式的转变和口腔医学发展的需求，口腔医学理论与技术的提高，现代口腔医疗设备综合应用了不同领域的各项高新技术，如自动化技术、计算机技术、图像处理技术、数字化技术、激光技术、超声技术、光学技术、生物技术等。充分体现口腔医疗设备的原则：安全、高效、微创、直观、经济。口腔设备将向着更舒适、更有效、更安全、更方便、更经济的方向发展。

2. 口腔医疗设备的设计突出以人为中心，加入人机工程学原理，有利于医、护、患之间利用视频、音频及图形图像技术和特定的高新信息技术与设备进行沟通和心理引导，形成轻松、信任与合作关系，就诊体验愉快。

3. 为适应生物医学模式向生物 - 心理 - 社会医学模式的转变，口腔医疗检查、诊断设备无创化、直观化的逐步普及，推动口腔诊疗技术的极大进步，使患者在微创、不接受 X 线的情况下进行口腔疾病早期诊断和治疗，从而尽量保存牙体组织。如应用激光脱矿检测、电阻抗检测和定量光导荧光检测等技术进行早期龋的诊断，应用口腔内镜、根管镜、唾液腺镜及根管镜开展显微技术。

（二）口腔数字化设备的发展

我国口腔医疗设备正处于快速发展的阶段。口腔设备种类繁多，技术先进，在医疗行业的发展亮点多。医生和患者对牙科设备的要求越来越高。未来将启动新一轮的设备升级，例如牙科影像设备：数字化牙片机、数字化全景机、锥形束 CT（cone beam CT，CBCT）机；CAD/CAM 辅助设计与制作系统、CAM 冠桥制作系统。实现了数字化影像的三维重建，对病变定位、定量准确，有可能使传统的静态影像学诊断让位于互动式的图像及展示系统。今后还将推出用计算机和数字技术辅助诊断、治疗口腔疾病的新型专用设备。

知识拓展

根管显微镜

　　根管显微镜是将显微镜技术应用于牙科治疗的一项较新的技术。它的放大和照明特性使牙科临床医生可以得到放大的术区图像,视野更清晰,可使手术操作更加精细和完美,是口腔医学发展史上的一个里程碑。主要用于根管内异物的取出、根管再处理、钙化根管再通、根折及根管侧穿的诊断与修补、寻找并定位根管口以及进行根尖手术等。根管显微镜的应用大大提高了疑难根管的治疗成功率。使用根管显微镜时有其特殊的护理要求。

思考题

　　1. 简述口腔设备学的定义。
　　2. 简述口腔设备标准化的定义。
　　3. 简述口腔设备的管理监督。
　　4. 口腔医疗设备分为哪几类?
　　5. 全国口腔材料和器械设备标准化技术委员会成立于哪一年? 负责什么?

（徐庆鸿　毕小琴）

第二章

口腔设备与信息技术

学习目标

    1. 掌握口腔设备涉及的数字化技术、口腔设备的基本原理和数字化口腔医院的概念。

    2. 熟悉常见的数字化技术和数字化口腔医院的基本架构。

    3. 了解智慧医疗概念以及未来数字化口腔医院所面临的机遇与挑战。

信息技术（information technology, IT）即在信息科学基本原理和方法的指导下扩展人类信息功能的技术，是以电子计算机和现代通信为主要手段，实现信息获取、加工、传递和利用等功能的技术总和。信息技术主要经历了编程计算、数据处理、计算机网络、模式识别以及当前专家系统和人工智能。随着信息技术的广泛应用和深入发展，已渗透到社会领域的各方面，并成为现代化产业的重要支柱。

数字化技术为我们提供了在一个全新数字空间构筑口腔医疗服务体系的技术基础和手段。社会进步也要求口腔医疗工作者以患者为中心，为患者提供更好的服务，而提供这种服务的工作系统应该有更低的社会综合成本和更高的工作效率，这一切促使我们借助先进的数字化技术，重新构建口腔医疗服务技术体系。

◀ 第一节　常见的数字化技术 ▶

数字化技术的核心是将我们可见、可闻的信息，如声、光、电、图案、文字等转化为数字信号，利用计算机进行转换、处理、储存、传输。传统的数字化技术较为局限，功能单一。随着时代的发展，科技的进步，越来越多的新技术出现，极大地提高了生产力。

一、多媒体技术

多媒体技术是众多数字化技术的基础，我们利用多媒体技术将信息转换为计算机可以识别的数字信号，譬如我们利用扫描仪将文档扫描后可以在计算机阅览编辑；利用数码相机拍摄数字化的照片，方便我们进行处理加工。多媒体技术的出现，极大地改变了人们获取信息的传统方法，是现代信息时代的交换模式。多媒体技术的发展变革也改变了计算机的应用领域，使计算机由办公室、实验室中的专用品变成了信息社会的普通工具，广泛应用于工业生产管理、学校教育、公共卫生事业、公共信息咨询、商业广告、军事指挥与训练,家庭生活与娱乐等领域。

二、数字化制造技术

数字化制造技术即 CAD/CAM,中文称之为计算机辅助设计和制造,其核心是计算机数字控制(简称数控),是将计算机应用于制造生产的过程或系统。

计算机辅助设计指利用计算机及其图形设备帮助设计人员进行设计工作。在设计过程中通常要用计算机对不同方案进行大量的计算、分析和比较,以决定最优方案;各种设计信息,不论是数字的、文字的或图形的,都能存放在计算机的内存或外存里,并能快速地检索;设计人员通常用草图开始设计,将草图变为工作图的繁重工作可以交给计算机完成;由计算机自动产生的设计结果可以快速做出图形,使设计人员及时对设计作出判断和修改;利用计算机可以进行与图形的编辑、放大、缩小、平移、复制和旋转等有关的图形数据加工工作。

计算机辅助制造指利用计算机来进行生产设备管理控制和操作的过程。它输入的信息是零件的工艺路线和工序内容,输出信息是刀具加工时的运动轨迹(刀位文件)和数控程序。数字化辅助设计制造技术作为数字化技术在口腔修复的重要应用,CAD/CAM 的应用改善了传统工艺的不足,使修复体加工进入了自动化的新阶段,以其为基础的数字化修复技术,具有快速、稳定等特点。

三、自助服务终端

自助服务终端(图 2-1)主要用于解决营业厅人流量大的问题,提高业务办理的速度,主要应用于银行、电信、电力、医疗、航空、零售等行业。自助服务终端是对营业厅服务的延伸与补充。该设备具备节省人员开支、降低营业成本、24h 连续工作、无差错运行等优点。在数字化口腔医院部署有自助挂号、缴费、报告打印等自助服务终端。

图 2-1　自助服务终端

四、大数据及云计算

大数据（big data）指无法在一定时间范围内用常规软件工具捕捉、管理和处理的数据集合，是需要新处理模式才能具有更强的决策力、洞察发现力和流程优化能力的海量、具备高增长率和多样化的信息资产。现在的社会是一个高速发展的社会，科技发达，信息流通，人们之间的交流越来越密切，大数据就是这个高科技时代的产物。利用大数据分析可以帮助我们降低成本、提高效率、开发新产品、作出更明智的业务决策等。

云计算（cloud computing）是基于互联网的相关服务的增加、使用和交付模式。"云"是网络、互联网的一种比喻说法。云计算可以让我们获得强大的计算能力，预测气候变化、预测市场发展趋势等。用户则可通过电脑、手机等方式接入数据中心，按自己的需求进行运算。

而大数据如此海量的信息资源必然无法用单台计算机进行处理，必须依托云计算。大数据和云计算相辅相成，在医疗技术、医疗业务两方面都发挥着重要的作用。医疗大数据已成为医疗机构一种重要的资产；通过互联网医院、智能硬件、医药电商等进行辅助医疗，大大地减少了患者与医生之间面对面的交互时间，提高了医生的工作效率和诊疗质量。医疗健康结合大数据既促进了人们的健康，又加速了传统医疗产业的发展。

五、其他技术

1. 虚拟现实技术 一种可以创建和体验虚拟世界的计算机仿真系统，它利用计算机生成一种模拟环境，是一种多源信息融合的、交互式的三维动态视景和实体行为的系统仿真，使用户沉浸到该环境中。

2. 3D 打印技术 3D 打印以数字化技术代替传统失蜡铸造加工工艺，简化加工流程，在保证产品同质性的同时，成型快、精度高，尤其适用于个性化的口腔修复体制作。

3. AI/ 机器人技术 AI 即人工智能（artificial intelligence），是利用计算机技术创造的能够像人类智能一样思考并作出反应的机器。机器人技术包括基于人工智能的仿生机器人以及各类机械臂，广泛应用于工业、制造业；近年来以"达·芬奇"机器人为代表的手术机器人逐渐推广到临床，它可以过滤掉手术医生的无效动作及细微震颤，提高手术精度和效率，在口腔手术定位、协助口腔手术操作方面也有广泛运用。

◀ 第二节　数字化信息技术在口腔设备中的应用 ▶

伴随着口腔医学的发展，口腔设备经历了从人力机械到液压、电动以及自动化几个重大的历程，随着数字化和信息技术的飞速发展，带来的是原有设备的不断升级和革新，同时产生了许许多多的新设备，这使得口腔医疗设备的发展进入了全新领域。

一、数字化诊断设备

诊断是一切医疗开展的基础，而口腔诊断尤为依赖影像技术。如今的口腔诊断应用较为广泛的专科数字化诊断设备包括数字化全景 X 线机、锥形束 CT 机、口腔扫描仪、数字化口腔内镜。

（一）数字化全景 X 线机

数字化全景 X 线机（图 2-2）广泛应用于成人口腔全景成像，儿童口腔全景成像，前部牙列全景成像，右半牙列全景成像，左半牙列成像，上颌窦成像，颞颌关节闭口位成像，颞颌关节开口位成像，头颅正位成像，头颅侧位成像，头颅前后位成像，颅底、头颅不同角度、腕骨等特殊位成像。专业的口腔影像处理软件可以清楚地了解患者资料，图像分辨率高。数字化全景 X 线机的使用为口腔内牙体牙髓病的诊断和治疗提供了大量资料指导，为口腔正畸和修复的诊断及设计提供了极大的图像依据。

图 2-2　数字化全景 X 线机

（二）锥形束 CT（CBCT）机

口腔 CT 设备是一种专门针对口腔颌面部特点设计的 X 线成像系统，医生借助 CT 打破了全景机存在的局限，完成了以前不可能完成的手术。锥形束 CT 机（图 2-3）较传统的 CT 机在扫描和数据获取方式上进行了升级。其原理是 X 线发生器以较低的射线量（通常球管电流在 10mA 左右）围绕投照体做环形 DR（数字式投照）。然后围绕投照体多次（180～360 次，依产品不同而异）做数字式投照，交集中所获得的数据在计算机中重组后进而获得三维图像。

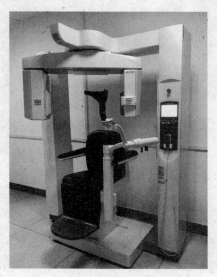

图 2-3　锥形束 CT（CBCT）机

（三）口腔扫描仪

口腔扫描仪（图2-4）是一种可快速、简便获得口内的软硬组织（牙龈和牙齿）的形态、颜色等信息的数字化设备。扫描仪生成的图片清晰直观。口腔扫描仪实现高品质三维扫描采集，精准地将口内信息发送给技工师，并省去了传统石膏模型的运输时间。技工师根据扫描仪提供的最符合患者原有牙齿色、形、质等的信息，可以设计、制作出最合适的口腔产品。

图2-4　口腔扫描仪

（四）数字化口腔内镜

利用数字化口腔内镜（图2-5）进行口腔检查，能及时、准确地发现牙齿早期龋病，并让患者目睹自己牙齿需要及时治疗的症状，避免传统医生用肉眼去观察、难以发现问题，造成牙齿病情延误而错过最佳的治疗时期。

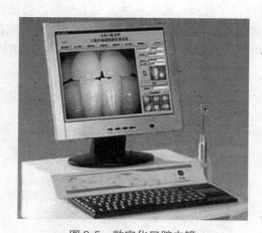

图2-5　数字化口腔内镜

二、数字化制造技术的应用

1971年，法国Duret教授首次提出将工业CAD/CAM系统应用于牙科修复体的制作，并于1983年研制出了世界上第一台牙科CAD/CAM样机。迄今为止，这项技术广泛地应用于口腔医学的各领域。主要包括1∶1固定冠桥修复体、可摘局部义齿支架、种植基台、种植导板、隐形正畸托槽、个性化颌面缺损赝复体、颅颌骨重建钛支架和术前规划用颅颌骨模型等的 CAD/CAM 制造等。国内外也相继出现了许多先进的义齿修复 CAD/CAM 系统，一种为"技工"型系统：需要将义齿印模数据送给专门的牙科技工来加工；另一种为"椅旁"型系统：牙科医生在患者椅旁即可独立完成加工。CAD/CAM 义齿加工流程见图 2-6。

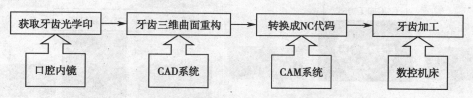

图 2-6　CAD/CAM 义齿加工流程

　　CAM 系统向数控机床（CNC）输送数控加工程序，可自动生成磨削数字信息控制机械控制器（NC）代码，控制走动路径，满足不同加工对象的加工要求。加工机床常见为五轴磨削机床，对装在其上的材料进行加工，并可以批量化加工。最后由烧结炉进行烧结达到预期强度，完成加工。

　　3D 打印技术又称"增材制造"，是快速成型技术的一种。它借助于计算机设计和特定的成型设备，将材料通过高温熔融、光固化、烧结、喷射等方式，逐层堆积出目标构件。该技术集设计和制造于一体，可实现多种材料、多个维度、复杂结构构件的一次成型，材料利用率高、加工便捷，能很好地满足个性化需求。3D 打印的数字化口腔技术为牙科行业带来了精度高、成本低、高效率等优点。目前已实现直接 3D 打印义齿（图 2-7）。不少专业人士预计，到 2020 年以前，大多数牙科医生都会逐渐开始使用 3D 打印的牙冠，从而不需要牙科实验室进行高度专业的生产，同时也满足了患者对于牙冠的不同需求。

图 2-7　3D 打印义齿

　　此外，通过 3D 打印技术生产的牙齿矫正器也正在走向应用。比起传统的牙齿矫正器，3D 打印的透明矫正器不仅隐形、美观，而且尺寸更适合患者在矫正期间每个阶段的牙齿状态。相比传统方式下需要依靠牙科医生的经验进行调整，这种矫正技术更具优势（图 2-8）。

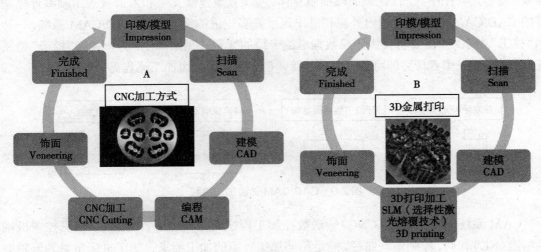

图 2-8 两种加工技术的区别

三、数字化治疗设备

1. 数字声纳美容洁治系统 利用电气原理，磁致伸缩式和压电陶瓷技术，生产空穴作用、声流作用、产热作用、协同作用的声纳生物波，以像束的方式稳定输出，对牙齿进行美容洁治，在不损伤牙齿及牙龈和其他组织的条件下达到理想效果，更好地保护口腔健康。

2. 数控隐形矫正系统 通过对畸形牙患者整个口腔的数字影像扫描，进行精确的数据测量，结合口腔的特殊性，采用特殊隐形材料，制作出相应舒服的隐形矫治器（图 2-9）对畸形进行矫正。其可避免传统弓矫正给人的明显"满口钢丝"的难看形象，不易被人发现进行了牙齿矫正。

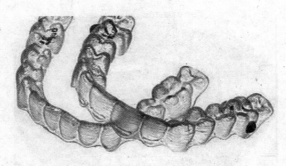

图 2-9 隐形矫治器

3. 数字根管测量仪（图 2-10）**和数字填充仪** 精确测量根管的长度位置进行治疗，治疗后的髓腔采用数字填充仪进行准确彻底填充，使患牙达到一次性根治。

4. 数码定位仪 对患者口腔情况、基牙状况、五官、脸部结构、肤色、特殊情况结合力学、美学、工程学、生物学等原理科学论证设计，使做出来的牙齿更精确、更牢固、更安全、更舒适、更美观、更科学，避免后遗症。

图 2-10　数字根管测量仪

5. 口腔手术机器人　机器人能够进行高精度的空间定位，能在狭小的口腔内灵活地完成手术操作。它的核心技术是一套集口腔种植规划、手术导航和机器人控制等诸多功能于一体的软件系统，能够按照患者的口腔结构精准规划种植方案，实现手术过程中全程导航与自主控制。目前这项技术国内尚未大规模普及。

四、口腔数字化医疗器械软件

口腔数字化医疗器械软件即实现各种特殊功能的医疗器械软件。如运行于通用计算平台，控制/驱动医疗器械硬件，有时兼有处理功能的软件（CT 图像采集工作站软件、MRI 图像采集工作站软件）等。具体分类见图 2-11。

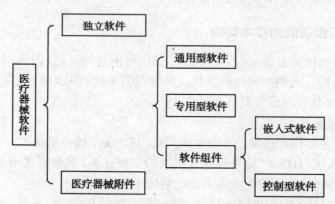

图 2-11　口腔数字化医疗器械软件分类

1. 医疗器械软件　即本身作为医疗器械或其附件的软件。

2. 独立软件　一个或多个用途，无须硬件即可完成自身预期，运行于通用计算平台。

3. 医疗器械附件　需要与不同的医疗器械配合运行。

4. 通用型软件　基于通用接口与多个医疗器械产品联合使用（影像归档和通信系统、中央监护软件等）。

5. 专用型软件　特定医疗器械产品联合使用（Holter 数据分析软件、眼科显微镜图像处理软件等）。

6. 软件组件　作为医疗器械或其部件、附件组成的软件；一个或多个用途，控制（驱动）

器械硬件或运行于特定计算平台。

7. 嵌入式软件　运行于医用计算平台,控制(驱动)医疗器械硬件,有时兼有处理功能的软件(心电图机所含软件、脑电图机所含软件等)。

8. 控制型软件　是一种基于网络的,由一台电脑(主控端/客户端)远程控制另一台或者多台电脑(被控端 Host/ 服务器端)的应用软件。

◀ 第三节　数字化口腔医院与智慧医疗 ▶

狭义的数字化口腔医院指利用计算机和数字通信网络等信息技术实现语音、图像、文字、数据、图表等信息的数字化采集、存储、阅读、复制、处理、检索和传输,即数字化的医疗设备、医院信息系统(HIS)、影像存储与传输系统(PACS)及办公自动化系统(OA)。实现无纸化、无胶片化、无线网络化的医院内数字化。

随着时代的发展,数字化口腔医院被赋予了更广泛的定义,即基于计算机网络技术发展,应用计算机、通信、多媒体、网络等其他信息技术,突破传统医学模式的时空限制,实现疾病的预防、保健、诊疗、护理等业务管理和行政管理自动化、数字化运作。实现全面的数字化,即联机业务处理系统(OLTP)、医院信息系统(HIS)、临床信息系统(CIS)、联机分析处理系统(OLAP)、互联网系统(Intranet/Internet)、远程医学系统(telemedicine)、智能楼宇管理系统。实现全网络(多系统全面高性能网络化)、全方位(医、教、研诸方面)、全关联(医院、社会、银行、社区、家庭全面关联)。由此衍生出智慧医疗的概念:即通过打造健康档案区域医疗信息平台,利用最先进的物联网技术,实现患者与医务人员、医疗机构、医疗设备之间的互动,逐步达到全社会健康卫生信息化。

一、数字化口腔医院的基本架构

医院的业务活动极其复杂,涉及众多的人、财、物沟通与流动,因此,数字化医院系统是一个十分复杂的结构。我们大致将数字化口腔医院的架构(图 2-12)分为医疗信息系统、数字化诊疗系统、数字化管理系统及外部接口 4 部分。

(一)医疗信息系统

医疗信息系统主要围绕医院的 3 条主线开展,这 3 条主线分别是:

1. 医院信息系统(HIS)　此系统包含医院的主要业务,从患者建卡、挂号、就诊、医护工作站、收费、取药到住院等相关业务都在此系统中实现。

2. 影像存储与传输系统(PACS)　此系统包含放射、B 超、心电图、病理等相关影像图文业务。

3. 实验室信息系统(laboratory information system,LIS)　此系统主要为检验、化验等相关业务系统。

(二)数字化诊疗系统

1. 数字化计划　医生参考数字化诊断结果及时制订个性化种植和正畸治疗及牙齿修复计划,这一过程在临床路径辅助管理、患者床边信息系统以及手术室管理等系统进行无缝连接。此外,手术医生还可以经专家管理系统实时向资深专家请教并调整治疗计划,并将计划模具及产品数据及时发送给技工进行加工。

2. 数字化治疗　临床治疗时使用数字化设备辅助,提高治疗精确度和缩短治疗时间,并可以利用数字化设备检查治疗和修复的进度。

3. 医疗决策支持系统 医疗活动是一个知识性强而且复杂的过程，医生在面对很多未经处理的检查结果、数据将对医疗决策产生干扰。而医疗决策支持系统可对上述整个过程提供决策支持，包括专家建议、手术方式优选、用药指导等。该系统为医生开展工作带来了便利。

（三）数字化管理系统

1. 综合管理、统计分析以及决策部分 综合管理与统计分析部分主要包括病案的统计分析、管理，并将医院中的所有数据汇总、分析、综合处理供领导决策使用，包括病案管理、医疗统计、院长综合查询与分析、患者咨询服务。如全面的经济核算系统、院长办公综合查询与辅助决策支持系统（EIS）。

2. 经济管理部分 经济管理部分属于医院系统中最基本的部分，它与医院中所有发生费用的部分有关，处理的是整个医院中各有关部门产生的费用数据，并将这些数据整理、汇总、传输到各自的相关部门，供各级部门分析、使用并为医院的财务与经济收支情况服务，包括门急诊挂号，门急诊划价收费，住院患者入、出、转，住院收费，物资，设备，财务与经济核算等。这包括门急诊患者管理及计价收费子系统、人事，工资管理子系统、财务管理子系统、固定资产管理系统等。

3. 药品耗材管理部分 主要包括药品耗材的管理与临床应用。在医院中，药品耗材从入库到出库直到患者的使用，是一个比较复杂的流程，此流程贯穿于患者的整个诊疗活动中。这部分主要处理的是与药品有关的所有数据与信息，共分为两部分，一部分是基本物流管理部分，包括药库、药房及发药等进、销、存管理；另一部分是临床部分，包括合理用药的各种审核、用药咨询、教育与服务。

（四）外部接口部分

随着社会的发展及各项改革的推进，医院信息系统已经不是一个独立存在的系统，它必须与社会上相关系统产生互联。因此，这部分提供了医院信息系统与医疗保险系统、社区医疗咨询系统等接口。

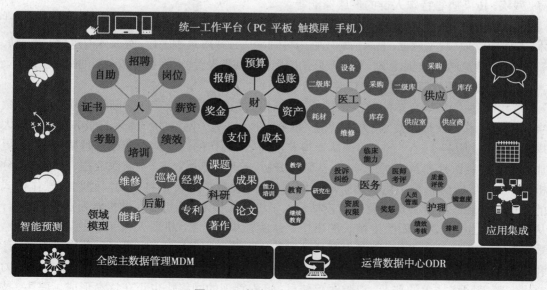

图 2-12 数字化口腔医院架构

MDM：移动设备管理；ODR：按需路由选择。

除了上述这些系统外，还有围绕这几大系统衍生的周边业务系统，整个系统的结构复杂，规模庞大。所以目前的数字化口腔医院正向着高度集成、融合的方向发展。

二、智慧医疗

我国的公共医疗管理系统的不完善，导致医疗成本高、渠道少、覆盖面窄，医疗资源两极分化，医疗监督机制不全，这些问题已经成为影响社会和谐发展的重要因素。建立一套智慧的医疗信息网络平台体系，使患者用较短的诊疗等待时间、支付基本的医疗费用，就可以享受安全、便利、优质的诊疗服务。这是智慧医疗的核心目标。

（一）组成部分

智慧医疗由三部分组成，分别为智慧医院系统、区域卫生系统及家庭健康系统。

1. 智慧医院系统　由数字医院和提升应用两部分组成。数字医院前文已有叙述，此处我们重点介绍提升应用部分。提升应用包括远程图像传输、海量数据计算处理等技术在数字医院建设过程的应用，实现医疗服务水平的提升，如：①远程探视，避免探访者与患者的直接接触，杜绝疾病蔓延，缩短恢复进程；②远程会诊，支持优势医疗资源共享和跨地域优化配置；③自动报警，对患者的生命体征数据进行监控，降低重症护理成本；④智慧处方，分析患者过敏和用药史，反映药品产地批次等信息，有效记录和分析处方变更等信息，为慢性病治疗和保健提供参考。

2. 区域卫生系统　由区域卫生平台和公共卫生系统两部分组成。区域卫生平台包括收集、处理与传输社区、医院、医疗科研机构、卫生监管部门记录的所有信息的区域卫生信息平台。旨在帮助医疗单位以及其他有关组织开展疾病危险度的评价，制订以个人为基础的危险因素干预计划，以及制订预防和控制疾病发生与发展的电子健康档案（electronic health record, HER）。公共卫生系统由卫生监督管理系统和疫情发布控制系统组成。

3. 家庭健康系统　是最贴近居民的系统，是具体到个体的个性化方案，譬如针对行动不便、无法送往医院进行救治患者的视讯医疗，对慢性病以及老幼患者的远程照护，对智障、残疾、传染病等特殊人群的健康监测等。

总之，智慧医疗是汇集了"医疗健康大数据、云计算、互联网＋、人工智能"等智慧医疗技术，与医院管理、科室建设、医院信息化临床科研、分级诊疗、远程医疗、医联体构建、智慧后勤、智慧运维、智慧通信、健康管理、移动互联的应用创新实践及经验，旨在打造全新的医疗生态圈。

（二）智慧医疗下的数字化口腔诊疗

为口腔医学带来变革的数字化技术，包括口内扫描技术、数字化诊断设计软件技术、数字化制造技术、3D 打印技术、人工智能 / 机器人技术、基于网络的一体化云服务技术等将大规模发展，使服务于这一行业的团队变得非常高效，制作的修复体也会越来越精确，治疗更加有效。口腔医疗和常规医疗一样，从影像分析、诊断、记录管理，到就医流程、诊断数据分析，也将逐步转变为数字化管理阶段。数理统计，大数据分析也将推动口腔临床操作模式的变革。口腔医学特别是口腔正畸较早引入了机器人技术，让机器人做机器人擅长的事情，从而解放医生、让医生做医生擅长的事情。从医疗模式上看，机器人代替医生从事劳动性、重复性和高风险性的工作，而医生则从繁重的体力劳动中解脱出来，更多地从事诊断、设计和沟通的脑力劳动，这无疑是医学诊疗模式的又一变革，口腔医学也在朝着这个方向努力前进。随着网络技术的普及，口腔医疗信息、流程管理的网络化也正在逐渐形成。医生、技师、患者之间基于网络的信息沟通和数据交换模式是未来的发展方向。各种"口腔医疗云服务平台"涌现出来,更多的患者会接受基于云的远程口腔／牙科医疗服务模式,这将实现口腔医疗社会资源的整合和调配。

(三)展望未来

全社会信息网络化,医院与上级主管部门互联,医院与医院互联,医院与社区互联,医院与患者家庭互联,医院与医院工作人员互联,医生与患者互联,医院与银行、医保等部门互联。医院内的医疗、教学、科研、管理实现网络化。

数字化将推动医院集团化、区域化,并改变医院原有的工作模式。区域性的各类医学服务中心的建立,将使卫生资源获得最大程度的利用。譬如建立区域性的影像中心(病理、CT、MRI),实现医学图像网络传输。建立区域性的中心实验室,实现检查结果网上传输,节约资源。信息中心社会化,医院不再建立网络、服务器中心,而将采用租用电信运营商网络线路,建立区域性的数据中心、服务器中心和数据仓库。实现医学文献资料的共享,解决各医院网络建设重复、利用率低、资源浪费的缺陷。而患者将获得最方便、快捷的服务,实现网上预约就诊、网络安排床位、预知医师及医疗过程。医疗保健和监护实现网络化。数字化将实现区域医疗服务患者、家庭医生、社区服务中心、医院间的信息共享。

计算机科学与信息技术正迅速成为口腔临床、医学教育、科研及其基础建设的一个基本组成部分。计算机也从办公桌转移到口腔医师椅旁、护士站而成为不可或缺的工具。正因为此,口腔医学的教育除了教授专业的知识和技能之外,还应当掌握现代计算机技术,熟悉口腔医学信息系统。这其中的挑战需要每一位口腔医疗从业者积极应对,学习新技术,掌握新技能,为患者提供更为快捷、高效、优质的服务。

知识拓展

医疗信息安全

随着医疗信息化技术的进步为医疗事业提供广阔发展空间的同时,患者隐私泄露、数据丢失、业务中断乃至医疗安全事件频发。毫无疑问,医疗数据有着很高的价值,其中包含的患者姓名、年龄、居住地址、电话、病史、银行账户等信息,蕴含着重要的财富价值,这也使得医疗数据成为黑色产业的"香饽饽"。

医疗行业网络安全是我国网络安全的重要组成部分,受到国家高度重视。随着医疗行业信息网络技术的深入应用和"互联网＋医疗健康"的不断推进,党中央、国务院及医疗监管部门陆续出台了一系列信息化安全建设与管理相关的政策、法规,逐步完善医疗行业网络安全体系。医院、基层医疗机构信息化建设,"互联网＋医疗健康"和"医疗大数据"工作,惠民、便民的传统医疗信息系统建设,以及国家出台的第一部卫生健康领域的基础性、综合性法律,无不强调要做好网络安全工作。医疗行业网络安全,特别是新技术引入的网络安全风险不可忽视。新时期网络安全从个人信息保护、通信网络安全、移动应用和移动终端管控等多个方面提出安全要求,保障云计算、大数据、物联网和移动互联等新技术的安全应用,为医疗行业网络安全保驾护航。层出不穷的安全事件时刻提醒着我们,安全线就是生命线,提升医疗信息系统的安全性刻不容缓。除了必须要加强员工的安全意识之外,还需要通过技术手段提高身份认证的安全性,并做到安全追溯、责任到人。建立完善的医疗信息安全管理制度,确保医院信息系统和网络信息安全显得尤为重要。

思考题

1. 列举常见的数字化技术，并指出他们在数字化口腔设备中的应用。
2. 如何理解智慧（口腔）医院？
3. 身在数字化口腔医疗浪潮中的我们将会面临怎样的挑战和机遇？
4. 数字化口腔医院的基本架构是什么？
5. 列举 3 个常见的口腔数字化器械软件及其作用。

（廖　生　黄　艳）

第三章

口腔设备的管理

学习目标

1. 掌握口腔设备管理的意义和具体任务；急救类、生命支持类医学装备应急处置预案及应急处理。

2. 熟悉仪器设备申购、验收及仓库管理制度及相关流程。

3. 了解仪器设备使用安全和检查制度的重要性。

口腔仪器设备是口腔医学事业发展的必备条件，是从事口腔医疗、教学、科研工作的基础。口腔护理人员应学会和加强口腔设备的管理，有效使用和应用设备，最大限度地发挥设备的作用。

第一节 口腔设备管理的意义、内容和具体任务

一、口腔设备管理的意义

随着现代医疗技术的发展，国内外各种先进口腔医疗设备的引进，对医疗仪器设备管理的要求越来越高，口腔医生和护士除了依靠自己的临床经验、专业理论、思维判断、熟练的操作技术之外，在很大程度上必须依靠先进的仪器设备和技术的支撑，才能更好地完成相关工作。加强口腔仪器设备管理是促进口腔医学事业发展的基础和条件，具有重要的地位和作用。

采用科学的管理方法和有效的管理手段，使仪器设备处于良好的运行状态，提高设备的使用率和完好率，是衡量医院现代化管理的重要标志。

二、口腔设备管理的内容和具体任务

（一）口腔仪器设备管理的内容

口腔仪器设备管理的内容包括经费预算、资金来源、选购、验收、安装和调试、使用与维修、财务效益管理等相关管理内容。

（二）口腔仪器设备管理的任务

口腔仪器设备管理的任务是以保障医疗、教学、科研工作正常顺利进行为目的。具体任务如下：

1. 建立仪器设备管理机构 根据国家和本地区卫生行政部门制定的管理规定,结合本单位实际情况建立完善仪器设备的管理体系和机构。

2. 健全和落实规章制度,进行组织协调和合理分工,总结管理经验,不断提高口腔设备管理的实用性和科学性。做到仪器设备账目清楚、仪器设备合理使用。

3. 积极开展市场调研 为临床及时收集、提供、反馈仪器设备最新信息,掌握设备供求信息,根据经济、实用的要求,选购符合要求的仪器设备,以满足医疗、教学、科研工作的需求。

4. 建立有效的运作机制和流程 设备部门紧密联系相关科室,建立灵活有效的运作机制,负责仪器设备的购置、验收、保管、维修、调剂、报废、计量、统计以及考核、检查、评比、奖惩等工作,梳理管理制度、运作机制,优化和再造流程。

5. 掌握大型和精密仪器设备的管理、使用、维修情况,提高设备使用的完好率。

6. 积极做好设备的维修保养和常用零配件的备库,避免设备的浪费闲置,充分提高设备利用率,确保设备处于最佳备用状态。

◀ 第二节 口腔设备管理的基本制度 ▶

一、计划编制

(一)设备计划编制的依据

1. 根据国家相关的法律法规和国家、地方政府、上级单位对仪器设备管理的最新方针政策和要求,及时、准确地调整和编制设备计划。

2. 医院总体发展规划。

3. 医院项目预算。

4. 医院设备使用效果及再用潜力的分析。

5. 医院申购设备的利用率预测。

6. 仪器设备使用人员及维修人员的资质要求。

7. 仪器设备安装场地及开展工作的条件。

8. 仪器设备市场情况(有关情报资料、新近报价及价格商情、供货渠道及购置时机)。

(二)设备计划编制的要求

1. 编制设备计划涉及决策层、使用科室、财务、设备、审计,是一项系统工程,需要进行科学论证和决策,选择经济、合理的设备,注重设备的经济效益和社会效益。

2. 编制设备计划的人员应熟悉业务,充分了解国内外有关信息资料,对所提出的品名、规格、型号、性能应经多方面的调查比较。做到准确可靠,认真负责,实事求是。

3. 有以下情况不应列入计划:

(1)资金没有财务预算来源,或来源尚未落实。

(2)规格、型号、技术性能不清楚。

(3)使用效率不高。

(4)产品落后,质量低劣。

(5)仪器操作人员或维修技术力量未落实。

(6)安装条件不成熟。

二、仪器设备管理制度

（一）仪器设备申购、验收及仓库管理制度

口腔仪器设备是进行医疗、教学、科研工作的基础和技术条件，为了加强统一管理，口腔仪器设备的购置不分科室性质，不分资金来源，都应统一纳入设备管理部门管理范围。

1. 仪器设备申购管理制度

（1）设备订货要遵循勤俭、节约、实用的精神，先国内、后国外的购置原则；订货之前要详细论证，实行招标制，价比三家，货比三家，保证实用、经济、先进。

（2）严格按购置计划的金额、品名、型号、厂家购置设备，合同签订手续一律由设备管理部门统一办理。

（3）不得自行留用展会展品和试用生产厂家产品。

（4）严格按照仪器设备申购管理制度流程申购仪器设备（图3-1）。

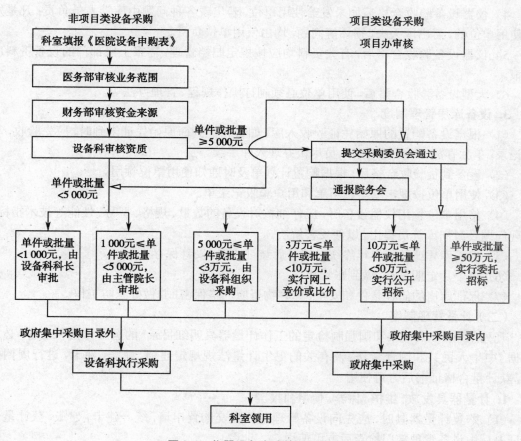

图3-1　仪器设备申购管理制度流程

2. 仪器设备验收制度　仪器设备的验收工作是确保仪器设备正常到医院前的首要任务。进口设备要提前办好海关报关、税务纳税等手续，避免因手续不全延误提货时间。新购置仪器设备到货后，设备管理部门应及时组织提货，以及安装验收等工作，发现问题及时提交有关部门解决。

（1）库房管理人员、采购员、使用科室应共同对新购入的设备进行验收。

（2）仪器设备到货后先对包装进行验收，如发现包装破损应进行拍照，并立即与有关部门联系交涉。

（3）安装验收

1）仪器设备由库管人员、使用人员对设备品名、数量、规格、型号、厂家等进行严格核对，并对仪器性能指标进行初步测试。

2）大型精密仪器由使用单位、设备管理部门和厂商代表共同验收，验收时以使用单位为主，设备管理部门负责督促、组织对仪器的品名、数量、规格、厂家、产地、国别、所带附件、技术资料等进行核对，厂商代表提供说明，并对技术指标性能进行测试，逐项填写验收记录。

3）仪器购入后，要求在一周内完成验收，进口仪器设备要求在索赔期内完成验收，如发现损坏缺件，应由设备管理部门即刻请相关商检备案，以便索赔；国产仪器验收中如有问题，应由设备管理部门即刻与厂商交涉处理，但有安装合同的货物，必须在安装人员到场后才能开箱验收。

4）仪器设备验收合格后如未发给使用单位，若出现各种问题由库管人员负责；凡是发给使用单位的，若出现丢失、损坏等问题，均由使用单位负责。

5）仪器设备验收合格后，有关资料均应按规定归档管理，需报上级部门的设备资料应上报。

6）大型设备验收合格后，使用单位必须制订操作规程、管理办法等。

3. 设备库房管理制度

（1）根据设备购置的原始凭证验收入库，如货物已到而原始凭证未到时，应先验收，写好记录，单独存放，并督促采购人员尽快办理入库手续。

（2）设备到货验收合格后，根据购置计划单及时通知使用单位领用。

（3）使用单位按规定填写领用单和用户验收记录单。

（4）使用单位领用仪器设备时，应仔细核对设备的数量、规格、型号、性能等技术指标，发现问题及时向库管员提出，以便妥善解决。

（5）出入库凭证要每年年终统一编号后装订成册，妥善保存。

（6）每个月定期盘点，做到账物相符。

（7）保证库房的储存条件和安全，库存物资应严格保密，并做好三防工作。

（二）计量管理制度

凡列入《中华人民共和国强制检定的工作计量器具明细目录》的医用器具和设备，必须根据《中华人民共和国计量法》及有关的卫生计量法规规定建档、建账、建卡，进行周期检定，获计量合格证书后方可使用。

1. 计量器具发放、维护、保养、使用和报废

（1）购置计量器具时，应先向设备管理部门提交购置申请，统一建卡，建账、获计量合格证书后由设备管理部门检查后方可使用。

（2）使用的计量器具需要更新时，由设备管理部门鉴定认可后进行更新。

（3）计量器具都必须有计量管理部门的检验合格证，统一使用国家计量标准，不准使用不合格的计量器具。使用人员必须熟练掌握计量器具使用方法及维护保养常识。

（4）计量器具必须由专人保管，定期检查，保证计量器具应有的灵敏度。

（5）所用计量器具经检测达不到技术指标时，应报设备管理部门，经鉴定后办理报废手续。

2. 计量器具定期检测

（1）必须按规定日期进行检测，不漏检。

（2）按照国家相关规定的强制检查的计量器具定期检测表见表3-1。

表3-1 计量器具定期检测表

设备名称	检测期限／年	检测方法
血压计	0.5	定期送交计量检测部门强检
酸度计	1	
各种天平	1	
磅秤、台秤、案秤	1	
锅炉压力表	0.5	
氧气压力表	0.5	
X线机	1	
心电监护仪	1	
氧气吸入器	1	
酶标仪	1	
激光发生器	1	

（3）新购计量器具及时填报送检。科研、教学所使用的计量器具，可视工作情况进行检测。

3. 计量器具封存

（1）暂时不用的计量器具，使用部门向设备管理部门说明封存原因并提出封存报告。

（2）对封存的计量器具应在明显部位贴上封存条，并在计量器具卡上注明。

（3）凡封存的计量器具不得再行使用。

（4）计量器具的解封须经设备管理部门安排检定，合格后方可解封使用。

4. 计量器具技术档案和资料保管制度　被列入强制检测的计量器具应该建总账、卡片、检测合格证书等技术资料，统一由设备管理部门负责建立和保管，做到账、物、卡、证书相符，每年核对一次，便于准确掌握计量器具使用情况。

（三）精密仪器使用管理制度

1. 精密仪器设备到货前，申请单位应将可行性论证报告中提出的房屋、水电、气、防磁干扰、防辐射等条件要求报告有关部门，有关部门依据设备安装要求进行准备，设备管理部门负责仪器设备的配套组织工作，防止设备到货后不能安装使用。

2. 精密仪器设备安装完毕，由设备管理部门组织验收，使用单位应填写与精密仪器设备档案有关的档案信息资料。

3. 精密仪器设备档案内容应包括申购报告、可行性论证报告、订货卡片、合同、验收单、合格证、保修卡、维修记录、使用登记等。

4. 随机附带的技术资料应统一交设备管理部门集中保管，使用单位和维修部门可随时办理借阅。

5. 精密仪器使用单位必须对仪器的维修、保管、使用等情况进行记录，每个月月底向设备管理部门报送设备使用维修月报表。设备管理部门将统计情况汇总成半年报表，向上级设备管理部门汇报工作。

6. 精密仪器设备必须由专人负责管理，专管人员必须了解仪器性能参数并制定相关操作规程，指导帮助其他人员正确使用仪器设备并有权制止违章操作的任何行为。按技术资料要求做好仪器的日常维护、保养、校正等工作。

7. 精密仪器设备发生责任事故或自然损坏后，使用单位应立即报设备管理部门，书面说明损坏原因、部位和所受影响等情况，并提出解决办法。设备主管部门要通过调查研究，写出事故报告并提出处理意见，请示相关领导批准后执行。

（四）仪器设备使用操作规程

使用仪器设备前应认真阅读使用说明书以及说明书中的注意事项，严格按照该仪器设备使用说明书和操作规程的要求操作设备。

（五）仪器设备维修保养制度

1. 仪器设备维修的主要任务

（1）制定切实可行的仪器设备维修、保养制度。

（2）定期对仪器设备进行维护、校验。

（3）拟订维修零配件的购置计划。

（4）定期对仪器设备的安全使用情况进行检查，并提出整改意见或建议。

2. 严格按《仪器设备维修管理制度》流程组织实施维修工作，见图3-2。

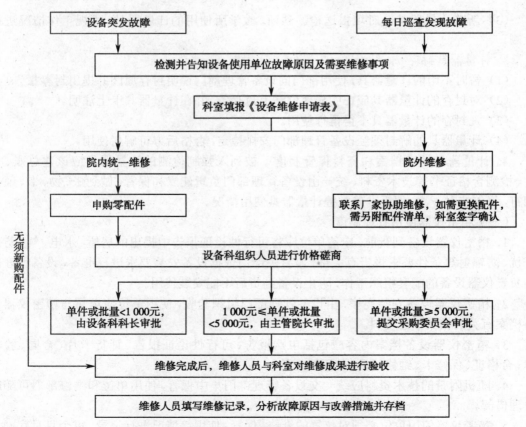

图 3-2　仪器设备维修管理流程

3．仪器设备的维护保养　仪器设备的维护保养以预防保养为主，应急维修为辅。及时发现和处理设备运行过程中的异常状态，以防止设备性能退化或降低设备故障率为目标。维护保养包括除尘、水气路清洗、机械传动部位调整、清洗、加油等，保养后的设备在振动、噪声、动作、时间、照度、流量、转速等项性能指标均应达到该设备技术资料给定值，保证设备的正常运行，并应逐项填写维修保养记录。

（1）保养类型：分为日常保养、一级保养、二级保养3类。

1）日常保养：又称例行保养，主要包括外环境的清洁、整理；一般在每天工作前进行。

2）一级保养：对设备内部的清洗、润滑、局部解体检查和调整，以及电器设备和光学设备的测试，每个月一次。

3）二级保养：对设备主体部件进行解体检查和调整，更换易损或破损部件，是一种预防性修理，每季度一次。

（2）保养内容：由于各种设备的结构、性能和使用方法不同，维护保养的具体内容也不同。一般分为以下两大类：

1）环境条件：主要内容为清洁、润滑、防尘、防潮、防腐蚀及温度调节等。

2）技术检测：主要内容有部件检测、性能检测、环境条件检测等。主要目的是检测设备的技术状态。

（六）仪器设备使用前培训制度

1．医疗仪器设备投入运行前，应对操作人员进行相关培训后方可上岗操作。

2．操作人员必须熟悉设备的工作原理、性能、用途等。

3．操作人员必须熟悉设备的操作规程、注意事项。

4．操作人员必须按设备技术资料制订的维护方式对设备进行日常维护。

5．危险设备必须专人操作，未经培训的人员不准使用。

6．操作使用压力设备和放射设备的人员必须经过相关培训并取得国家认可的操作上岗证后方能操作设备。

（七）设备的损坏赔偿制度

1．医护人员应爱护医院各种仪器设备，按规操作，妥善保管，不得丢失损坏。

2．对因保管不善，责任心不强或违反操作规程而造成的损坏、丢失应进行赔偿。

3．赔偿方法

（1）设备损坏或丢失时，当事人应立即报告本单位领导。

（2）尽可能赔偿原对象。

（3）如不能赔偿原对象时，视物品的新旧或损坏程度，照原价值或折价赔偿。

（4）如遇特殊情况，经过主管领导研究批准可酌情处理。

（5）丢失或损坏贵重设备，除照章赔偿外，对情节严重、态度恶劣者，应给予纪律处分，直至追究刑事责任。

（八）仪器设备报废处置制度

1．仪器设备报废的范围

（1）国家主管部门发布淘汰的仪器设备品目及种类。

（2）未达到国家计量标准的仪器设备。

（3）无法校正修复以及严重污染环境的仪器设备。

（4）不能安全运转或可能危及人身安全和人体健康的仪器设备。

（5）无法维修或无改造价值以及超过使用寿命的仪器设备。

（6）性能指标明显下降又无法修复的仪器设备。

2．使用单位填交仪器设备报废申请单，由设备管理部门组织有关人员对拟报废设备进行鉴定，并签处理意见。

3．上报医院进行审议。

4．审议通过后，设备管理部门对报废设备进行分类处置：

（1）对原值大于5万元的设备处置进行挂网招标处置。

（2）其他设备由设备管理部门组织（竞价）处置。

5．报废设备残值上交国库后，设备管理部门和财务部门进行账务处理。

（九）仪器设备管理流程

仪器设备管理流程见图3-3。

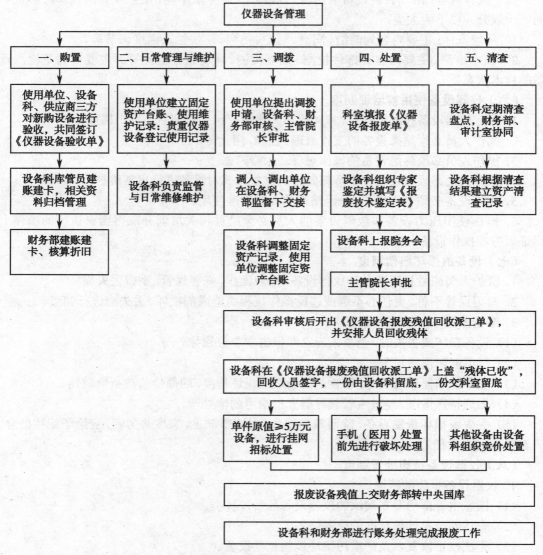

图3-3 仪器设备管理流程

（十）医疗设备使用安全与检查制度

1. 为加强医疗设备临床使用安全管理工作，降低医疗设备临床使用风险，提高医疗质量，保障医患双方合法权益，根据相关规定和要求制定本制度。

2. 医疗设备临床使用安全管理是指医疗机构在医疗服务中涉及的医疗仪器设备产品、人员、制度、技术规范、设施、环境等的安全管理。

3. 为确保进入临床使用的医疗设备合法、安全、有效，对进入医院使用的医疗仪器设备严格按照医院相关规定的要求准入，对设备的采购严格按照相关法律法规，规范采购、入口统一、渠道合法、手续齐全；将医疗设备采购情况及时做好对内公开；对在用设备每年要进行评价论证，提出意见及时更新。

4. 对医疗设备依据《仪器设备申购管理制度》《医疗设备维修管理制度》《医疗设备报废处置制度》的要求，做好安装验收、出入库、维护保养及报废的管理工作。

5. 对医疗设备采购、评价、验收等过程中形成的报告、合同、评价记录等文件进行建档和妥善保存，保存期限为医疗设备使用周期结束后5年以上。

6. 对从事医疗设备相关工作的技术人员，应当具备相应的专业学历、技术职称或者经过相关技术培训，并获得国家认可的执业技术水平资格。

7. 对医疗设备临床使用操作人员和从事医疗设备保障的医学工程技术人员建立培训、考核制度，组织开展新产品、新技术应用前规范化培训，开展医疗设备临床使用过程中的质量控制、操作规程等相关培训；建立培训档案，定期检查评价。

8. 临床使用科室对医疗设备应当严格遵守产品说明书，技术操作规范和规程，对产品禁忌证及注意事项应当严格遵守，需向患者说明的事项应当如实告知，不得进行虚假宣传，误导患者。

9. 医疗设备出现故障，使用科室应当立即停止使用，并通知设备管理部门按规定进行检修；经检修达不到临床使用安全标准的医疗设备，不得再继续使用。

10. 发生医疗设备临床使用不良反应及安全事件，临床科室应及时处理并上报上级相关部门。

11. 临床使用的大型医疗设备，植入与介入类医疗设备名称，关键性技术参数及唯一性标识信息应当记录到病历中。

12. 制定医疗设备安装、验收、使用中的管理制度与技术规范。

13. 对在用医疗设备的预防性维护、检测与校准、临床应用效果等信息进行分析与风险评估，以保证在用医疗设备处于完好与待用状态，保障所获临床信息的质量。

14. 大型医用设备使用科室应在设备的明显位置公开有关医疗设备的主要信息，包括医疗设备名称、注册证号、规格、生产厂商、启用日期和设备管理人员等内容。

15. 遵照医疗设备技术指南和有关国家标准与规程，定期对医疗设备使用环境进行测试，评估和维护。

16. 对于生命支持急救类设备和重要的相关设备，制订相应应急预案。

17. 医疗设备保障技术服务全过程及其结果均应当真实记录并存入医疗设备信息档案。

（十一）急救类、生命支持类医学装备应急处置预案

为有效保障医院急救及生命支持类医学装备正常使用，提高救援的反应速度和协调

水平,根据原卫生部《医疗器械临床使用安全管理规范(试行)》,结合医院的实际情况,制定本预案。

1. 预防措施

(1) 医护人员应熟知急救类、生命支持类医学装备的操作规程并能熟练操作设备。

(2) 设备维修人员应对急救类、生命支持类医学装备进行定期检查和维护,发现问题及时处理,确保设备的正常使用。

(3) 急救类、生命支持类医学装备应定点放置,所有医护人员应知晓放置位置。

(4) 使用科室应检查设备状况,确保设备处于良好待用状态,发现故障不能自行解决的,应立即向设备维修部门报修。

(5) 对配有蓄电池的设备,使用科室应定期充、放电,使蓄电池处于良好状态。

(6) 在使用设备过程中,医护人员应随时观察设备的状态是否正常。

2. 应急措施

(1) 如遇急救设备突发故障,医护人员应立即停止使用设备,同时评估患者状况,给予必要的人工急救措施,保障患者生命安全。

(2) 立即调配其他科室空余的同类急救设备,各科室不得以任何理由拒绝调用本科室未在使用的急救及生命支持类装备。

(3) 通知设备维修人员,维修人员应第一时间到达事发地点进行维修,同时向设备管理部门相关负责人报告设备状况。

(4) 急救及生命支持类医学装备使用完毕,调用科室应做好装备的清洁消毒工作,并及时送回装备借出科室。

(5) 在夜间及节假日期间,由医院总值班人员负责调配。

3. 本预案所称急救类、生命支持类医学装备,是指抢救患者必备的常规医疗设备,如呼吸机、心电监护仪、心脏除颤仪、氧气瓶、心脏按压泵、负压吸引器、麻醉机、输液泵、血糖仪、简易呼吸器、心电图机、注射泵、抢救车和气管插管及气管切开所需急救器材等。

知识拓展

业界首台光谱CT

在 2018 年首届中国国际进口博览会上展示了一种最新的 CT 系统:业界首台以光谱探测器为成像基础的 IQon 光谱 CT。

IQon 光谱 CT 的核心技术在于"双层"立体探测器,利用立体双层结构、上下层不同晶体闪烁物质直接吸收高能、低能 X 线,实现"同源、同时、同向、同步"的"四同"精准能谱扫描,真正将能谱技术从探索研究推向临床应用。资料显示,IQon 光谱 CT 的信息量较常规 CT 多 5 倍,能够为肿瘤、血管斑块性质、心肌活性等分析提供精准的定性、定量工具。

此外,目前我们所看到的 CT 成像均是黑白影像,而这次推出的 IQon 光谱 CT 能够提供彩色的影像图像,它的优势是能够更准确地发现病灶,从而减少近 45% 的重复的影像学检查,大大降低了医疗费用及人民群众的医疗负担。

1. 口腔仪器设备管理任务的目的是什么？
2. 新购入的设备由哪些人员、部门进行验收？
3. 仪器设备的维护保养分为哪几种类型？
4. 什么样的计量器具和设备需要周期检测并获得计量许可证后才能使用？
5. 仪器设备维修保养制度有哪些？

（叶　宏　吴小明）

口腔综合治疗台

1. 掌握口腔综合治疗台、牙椅、高速手机、低速手机等设备的操作。

2. 熟悉口腔综合治疗台的基本功能；口腔综合治疗台、牙椅、高速手机、低速手机等设备的维护与保养。

3. 了解口腔综合治疗台、牙椅、高速手机、低速手机等设备的工作原理、故障与排除方法。

口腔综合治疗台（图4-1）是指由综合治疗机和牙椅组成，是口腔临床工作的基本设备。它将口腔治疗设备的各种仪器合理设计于一身，实现了各项操作要求，具有配置齐全、舒适安全、性能可靠、操作简便等特点。适用于口腔科临床的诊断、治疗及手术等操作。

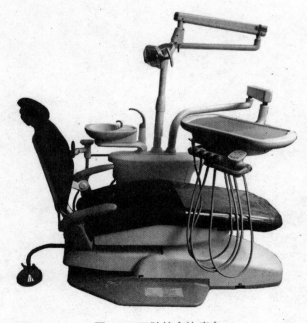

图4-1　口腔综合治疗台

◀ 第一节　口腔综合治疗台机 ▶

一、基本结构与工作原理

口腔综合治疗台机主要由机体、电动机及三弯臂、冷光手术灯、器械盘及挂架、附箱体、脚控开关等组成。

（一）外部结构

1. 三弯臂及冷光手术灯　三弯臂由转臂和平衡臂组成，其转臂在水平方向一定角度内转动，平衡臂可在水平方向一定角度转动外，还可在垂直方向上下运动，以调节器械盘的高低位置，便于医生取放器械。冷光手术灯光照度可用无级或分级的方式调节，焦距一般为80cm，光场为80mm×120mm。

2. 器械盘及挂架　器械盘上面用于放置治疗所需的药物及小器械，挂架上主要放置高、低速手机，三用枪和洁牙机，盘侧有控制面板，设有各种功能键，器械盘的边缘可选装观片灯。

3. 附箱体　附箱体一般固定安装在治疗椅的左侧面，外部有三用枪、强弱吸架、痰盂、水杯、注水器喷嘴；箱内装有水杯注水器、漱口水器、吸唾器负压发生器。

4. 地箱　地箱一般位于治疗椅底板前端，是口腔综合治疗台的水、电、气、下水、负压等管道与外部联通的交接处。

5. 脚控开关　脚控开关可控制各手机工作和雾化气的气源，控制手机工作的水源及牙椅的移动功能。

（二）内部结构

1. 气路系统　气源由空气压缩机或中心供气设备引出压缩空气，经由地箱通过各种控制阀门连接供应高速手机、低速手机、三用枪、洁牙机以及器械盘气锁、负压吸唾器等用气。

2. 水路系统　水路主要有两种，一种是集中供水，通常采用过滤的自来水或纯净水，供三用枪、牙科手机、洁牙机、患者漱口、冲洗痰盂用；单机瓶装供水一般使用纯净水或蒸馏水，只供三用枪和牙科手机及洁牙机用水。

3. 电路系统　口腔综合治疗台的工作电压为交流 220V、50Hz，控制电路电压一般为24V。

（三）工作原理

器件主要包括各种管路、连接件及各类阀件，控制方式最常见的两种是电控式和气控式。

1. 电磁阀是电控式机器的主要配件，在工作时通过电信号来对电磁阀进行控制，从而与其他设备进行协调配合。

2. 气控阀是气控式的主要器件，其气路控制的方式有两种，外工作气路与控制气路，在工作时，通过控制气控阀对气路进行控制和调整，并对相应的水路及电路进行协调配合工作。

二、主要技术指标

口腔综合治疗台机的主要技术参数：

1. 现场水压 0.2～0.4MPa。

2. 电压 AC（交流电）220V±10%。

3. 供气压力 0.5～0.7MPa。

4. 耗气量≥50L/min。

5. 冷光手术灯工作电压 AC12～24V；灯泡功率一般为 50～100W。

三、工作操作常规

1. 打开电源、气源总开关指示灯亮。

2. 按照治疗要求调节冷光灯的强、弱光，开关方式有按键式、触摸式和感应式。

3. 高速、低速手机安装于挂架上，根据治疗需要量调节水量至喷雾状态，拿起高速、低速手机，踏动脚开关踏板即可工作，用完后先松开脚踏开关，再将高速、低速手机放回挂架。

4. 三用枪从挂架上取下，按下枪上相应的水按钮即可喷水，气按钮即可喷气，同时按下两个按钮可实现喷雾功能。

四、技术故障与排除方法

口腔综合治疗机的技术故障与排除方法见表4-1。

表 4-1 口腔综合治疗机的技术故障与排除方法

故障现象	故障原因	排除方法
设备不工作	电源开关未开通	接通电源开关
手机无水喷出	气源未接入	接通气源
	设备保险丝熔断	更换保险丝
	水压太低	调节水压
	水量阀未打开	打开水量阀
	器械盘处微型水过滤器堵塞	清洗微型水过滤器
冷光手术灯不亮	灯泡烧坏	更换灯泡
	灯脚接触不良或导线烧断	更换灯脚，焊接导线
	冷光手术灯开关接触不良	更换手术灯开关
吸唾器不吸水	吸唾阀失灵	更换吸唾阀的密封胶垫
	吸唾器过滤网或管道堵塞	清洗吸唾器阀的过滤网或疏通吸唾器管道

五、维护与保养

1. 切忌在器械盘上放置重量超过 2kg 的物品，以免造成器械盘损坏。

2. 使用高、低速手机头以及三用枪、洁牙机头时需轻拿、轻放，注意用完后及时放回挂架以免污染或掉落。

3. 定期清理气过滤器，保持通气干净、通畅。

4. 及时清洗吸唾过滤网，保持强、弱吸下水通畅。

5. 冷光手术灯定时擦拭，保证灯光达到治疗要求亮度，在不使用时应关闭，节能节电。

6. 严格遵照相关技术标准维护和保养手机。

7. 选用合适的消毒剂每天对设备表面进行擦拭和清理，以保持清洁、美观。

8. 每天诊疗结束后，先关闭电源开关，并排放空气压缩机系统内的余气。

◀ 第二节　口腔治疗牙椅 ▶

口腔治疗牙椅（图4-2）简称牙科牙椅或牙椅，是口腔综合治疗台机的重要组成部分。牙椅分成两部分，包括底座和牙椅上部。主要用于口腔医师进行口腔疾病的检查、治疗以及手术。目前，牙椅按动力传动方式可分为液压传动式和机械传动式两种，两种牙椅的操控方式和功能基本相似。

一、基本结构与工作原理

（一）基本结构

1. 外部结构　牙椅主要由头托、头托按钮、椅身、扶手、控制开关、支架、地箱以及底座等部件组成，见图4-2。

（1）头托：头托可以支撑患者的头部重量，根据治疗需求，可调整头托的上下左右和前后仰俯角度。

（2）头托按钮：调整和固定头托。

（3）椅身：分为椅背、椅座，供患者躺靠。

（4）扶手：外侧扶手可前后移动，方便患者扶、握、上下椅位。

（5）控制开关：电子控制线路终端，用于控制整机的各项功能。

（6）支架：连接牙椅上部与底座。

（7）底座：固定牙椅与地面相接触，下部安装有安全开关。

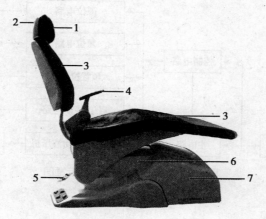

图4-2　口腔治疗牙椅

1. 头托；2. 头托按钮；3. 椅身；4. 扶手；5. 控制开关；6. 支架；7. 底座。

2. 内部结构　牙椅的内部结构主要由电动机（机械式）或电动液压机（液压传动式）、椅座升降和背靠俯仰传动装置、电子控制线路、限位开关系统等组成。

3. 牙椅保护装置　牙椅限位开关，指为保护牙椅内置微动开关免受外力、水、油、气体和尘埃等的损害而组装在外壳内的开关。限位开关就是用于限定机械设备的运动极限位置的电气开关。一旦限位开关失效，将可能造成控制设备的损坏或发生安全事故，因此限位开关的稳定性和可靠性对于各种运动和位置控制设备来讲是十分重要的。牙椅限位开关分工作限位开关和极限限位开关。

（1）工作限位开关：用于给出牙椅动作到位的信号。工作限位开关安装在牙椅需要改变工况的位置，开关动作后给出信号，进行别的相关动作。

（2）极限限位开关：是防止牙椅动作超出设计范围而发生事故的。极限限位开关安装在牙椅动作的最远端，用于避免牙椅动作过大出现损坏。

（二）牙椅的电路

牙椅动力电源主电路为220V交流电，通过控制电路使电动机工作。采用计算机芯片为核心的控制电路，控制功能多样化、控制功能强大但线路复杂。控制电源多为直流电源。

（三）工作原理

牙椅控制电路比较简单，主要采用低压24V供电。

1. 当接通牙椅电源后，可通过控制开关，控制电路驱动电动机运转，带动传动机构工作，控制牙椅的升降或靠背的俯仰。

2. 当椅位达到所需的位置时，停止按动开关，控制电路立即断电，电动机停止转动，牙椅固定。如果始终按动控制开关，牙椅达到极限位置时，因升降、俯仰均设有限位保护装置，极限微动开关切断控制电路，牙椅停止运行。

3. 以微电子控制为核心的控制电路，可实现预置位设置，以满足多种治疗椅位的预设。只要轻触一键，便可使治疗椅自动调整到预设的椅位角度。电动牙椅的工作原理如图4-3所示。

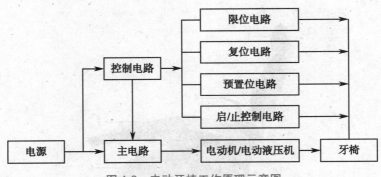

图4-3　电动牙椅工作原理示意图

二、工作操作常规

1. 椅位的升降　轻轻触及上升开关，椅位上升至所需位置；松开上升开关，椅位停止运动。轻轻触及下降开关，椅位下降至所需位置，松开下降开关，椅位停止运动。

2. 靠背角度的调整　轻轻触动仰动开关，椅背躺平至所需位置，松开仰动开关，椅背停止运动。轻轻触动俯动开关，椅背立起到所需位置，松开俯动开关，椅背停止运动。

3. 头托的调整　根据人体的高度和治疗需要调节头托到所需位置和角度。其方式是通过头托下部的按钮调整头托的前后角度或高低，固定头托位置。

4. 复位　治疗完成后，按动复位按钮，椅位和靠背恢复到预设位置状态，自动停止移动。

三、技术故障与排除方法

电动牙椅的常见技术故障与排除方法详见表4-2。

表4-2 电动牙椅的常见技术故障与排除方法

故障现象	故障原因	排除方法
牙椅工作时有异常噪声,动作迟缓	有异物卡住传动系统	排除异物,维修传动系统,润滑传动系统各个活动部位
椅位操作,单个操作失灵	对应线路短路或对应开关损坏 压缩机油缺失	排除线路故障、更换开关 往油罐添加压缩机油
操作所有开关均无响应	电源未接通 单片机为核心的控制电路因干扰造成死机 椅位保护开关故障 电路系统保险管烧坏	接通电源 关闭电源,等待2min后再接通电源 解除引起保护开关的故障 更换新的同规格保险管
升降、俯仰极限位置被卡死	丝杆变形和磨损缺油	更换变形丝杆、加润滑油
液压椅座上升或靠背立起不到位	限位开关失灵 限位凸轮移位	维修或更换限位开关 调整限位凸轮位置

四、维护与保养

1. 每天对牙椅表面进行擦拭,以保持整机外表清洁、美观。
2. 椅位使用完毕后,调整牙椅到静息位置并关闭电源。
3. 为避免元器件损坏,使用时应轻柔,不得用力过猛。
4. 及时排查发现故障,按规程操作。
5. 合理规范使用椅位,切不可频繁启动牙椅,避免烧坏电动机和其他电器组件。
6. 使用过程中如发现异常声音或出现漏油、漏电、失控等故障时应立即停止使用,由专业维修人员检查维修。
7. 专业维修人员定期维护牙椅,加注润滑油并对电路系统的内部进行检查和调整,每2年彻底清洗一次变速箱。

◀ 第三节 口腔综合治疗台的基本功能 ▶

口腔综合治疗台是口腔医疗活动中最重要和最基础的设备之一。它为医护人员和患者提供了各种检查、诊断的平台,保证治疗的安全,提供舒适的体位及干净、清洁、无菌的治疗环境。好的口腔综合治疗台优化了医生、护士、患者和器械所处的空间位置关系,促使医疗过程快捷、准确、高效、无误。

口腔综合治疗台的基本功能如图4-4所示。

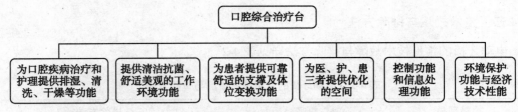

图 4-4　口腔综合治疗台基本功能

一、为口腔疾病治疗和护理提供排湿、清洗、干燥等功能

口腔综合治疗台的重要功能是提供口腔疾病治疗和护理功能。在对牙体等硬组织的钻、磨、切、削等治疗过程中，患者的唾液、血液以及治疗过程中器械带入的冷却水等都会给治疗和护理造成了不同程度的污染和湿性干扰。因此，我们可以通过三用枪的使用，对牙面或组织等进行清洗和干燥；利用强弱吸引系统排除口腔内的血液、唾液和冷却水，保持相对无湿的治疗和护理口腔内环境。

二、提供清洁抗菌、舒适美观的工作环境功能

口腔综合治疗台是病原微生物的集聚地之一，极易成为医源性感染传播的媒介。口腔治疗和护理过程中患者频繁更替，治疗过程连续不断地使用设备上多而复杂的仪器。因此，必须提供清洁抗菌、舒适美观的工作环境。

（一）牙椅面料要求

1. 选用能防水、耐老化、耐腐蚀、耐磨损、紧密、光洁的高分子材料制作。

2. 要求牙椅易于清洁和消毒、抗污染，能有效减少病原微生物的存在，并保持牙椅在长期消毒环境下的稳定性。

（二）排污系统的设计

1. 痰盂的设计　口腔综合治疗台的痰盂长期都是细菌聚集之地，需要设计高效痰盂排污系统，要求新型的痰盂易于清洁、不沾污渍，采用抗菌陶瓷材料或抑菌塑料制作，保证痰盂下水畅通。

2. 负压吸引系统的设计　高效和有力的负压系统能直接吸排患者的唾液、血液，将污物排至机内下水管道，快速将污染物吸走，保持清洁，减少空气中口腔内气溶物的漂浮和扩散，保持术野的清晰、干燥。

（三）外观审美的要求

口腔综合治疗台既要达到工业设计及制造的美学观，更要为医生、护士和患者提供安全、愉悦、舒适的就诊感受。将大量美学中的色调、色彩、温暖的元素融入机械中，有利于口腔治疗和护理艺术的展现，减轻了医生、护士和患者的心理压力。

三、为患者提供可靠舒适的支撑及体位变换功能

（一）为患者提供最佳操作体位功能

在口腔治疗和护理操作中，为患者提供头部的固定和身体的支持，是口腔综合台的一项重要功能。由于患者的口腔治疗和护理是在口腔内狭小环境中操作，舒适感较差，患者头部不自觉的摆动以及全身躲避动作的发生，极易造成颌面部的损伤。因此，给患者提供

一个头部稳定保护以及全身舒适、放松的体位支持，可以有效杜绝对患者的伤害，减轻患者对治疗的恐惧和痛苦、提高耐受能力和配合度。

（二）为患者提供舒适的空间位置

牙椅采用人机工程学原理设计制造，空间环境位置灵活变化，为患者提供了舒适的空间位置。根据治疗和护理的需求，牙椅的俯仰和升降极大地方便了治疗、护理以及患者起坐，节约了宝贵的时间。通过头部、腰部支撑及椅背的设计，为患者提供完美的舒适感和有效的空间活动度。

四、为医、护、患三者提供优化的空间

1. 椅背的设计大量采用薄型设计，使医生和护士能更进一步接近患者，提供了更有效的治疗和护理操作位置，增强医生、护士与患者的交流和易操作性。

2. 经过优化的椅位安装和调整，让医生、护士处于正常的生理坐姿，可以全方位地观察到患者的口腔状况，并轻松完成各种操作，患者可以得到舒适稳定的体位。全程治疗和护理过程中，医生、护士、患者与器械系统得到合理和优化的位置关系。

五、控制功能和信息处理功能

随着信息技术的发展，口腔综合治疗台的可操控性和信息处理的功能越来越强。操作实现整机的自动化控制，要求控制面板分区清晰，控制键互不干扰，控制操作尽可能简单，不易产生误操作或误动作，并能适时地回馈和处理相关信息。

口腔综合治疗台具备了信息处理能力后，可以轻松辅助医生和护士完成口腔疾病的检查、诊断、治疗、护理，为医、护、患三方提供便利化、人性化的信息处置功能，通过数字化信息分析，使口腔医疗护理活动更加有效和畅通。

六、环境保护功能与经济技术性能

（一）环境保护功能

对环境不应该产生污染及影响是口腔综合治疗台一项必不可少的重要功能。

口腔治疗和护理过程产生大量的废水、废气和多种废弃物，污染伴随整个医疗过程。为了减少对环境的污染，目前，多数口腔综合治疗台已广泛安装负压空气抽吸系统、牙科手机防回吸系统、水净化系统、机内管道冲洗消毒系统，这些系统从不同程度上对污染进行了有效的控制。

（二）经济技术性能

口腔综合治疗台的经济技术水平包括可维护性、高可用性、可靠性、高性价比等性能的技术指标。

1. 可维护性　是指综合治疗台有一个完整、有效的保养维护规则，在正常工作条件下，经过常规保养和少量的易损部件更换，可以保证设备完好地工作到设计寿命。

2. 高可用性　表现在临床治疗中上述的主要功能都有优异的表现。

3. 可靠性　表现为在设计使用期限内，系统表现故障率低，能够正常工作，而发生的故障经过简单的维护或定期保养即能排除而不影响使用。

4. 经济技术性能　体现在临床应用需求的合理配置，充分采用简单、高效、可靠的技术，在满足功能需求的条件下获得较高的经济效益指标。

◀ 第四节 牙 科 手 机 ▶

牙科手机是口腔科专用医疗器材,也是口腔科必备的主要设备之一,是完成对牙体钻磨等作业的重要手用器械。手机种类较多,根据用途、转速和结构的不同,可分为高速手机和低速手机。按产品的国际标准(ISO7785-1),转速≥16×10⁴r/min 的手机都可称为牙科高速手机,目前国内常用的手机多为转速(28～45)×10⁴r/min。低速手机转速一般在 2×10⁴r/min 左右。

一、牙科手机的分类

1. 按使用用途,手机可分为大力矩手机、标准手机、小型手机(迷你型)、阻生齿手机及各种专用手机。

2. 按车针装卸方式又分为顶针式、机械夹紧式(扳手式)、按钮夹紧式(压盖式)等。

3. 按进气接头的型式又可分为螺纹接头和快换接头。

4. 进气接头一般为四孔。按照驱动的方式分为气动涡轮手机、气动马达手机和电动马达手机。

二、基本结构与工作原理

(一)气动涡轮手机

气动涡轮手机又称为高速手机,根据内部的组件不同,分为滚珠轴承式涡轮手机和空气浮动轴承式涡轮手机(图4-5)。

图4-5 高速手机

1. **滚珠轴承式涡轮手机** 具有车针加持运转平稳、转速高、切削力度大、窝洞制备耗时短,使用平稳方便等特点。

(1)基本结构:滚珠轴承式涡轮手机主要由机头、接头、手柄和防回吸装置组成。

1）机头：由机头壳、涡轮转子、涡轮轴芯、后盖组成。①机头壳：是固定轮转子的壳体，机头后盖固定于机头壳后端，机头尾端与手柄相连；它的前端中心位置有一通孔，夹轴从此伸出，通孔旁有水雾孔。②涡轮转子：为机头的核心部件，由夹持车针的夹轴、风轮和轴承组成。③涡轮轴芯（筒夹）内全封闭了封罩、动平衡 O 形圈、涡轮转子及两端的轴承。④后盖：内部有 O 形圈以支撑后轴承。

2）接头：是手机与输水、气软管的连接体，水和气通过管路进入手机接头，通向手机头部使风轮旋转，并产生雾水降温。接头有两种结构：螺旋式和快装式。

3）手柄：手柄中心内部为一空心圆管，其中包含手机风轮驱动气管、水管和喷雾气管，光纤手机还装有光导纤维、灯泡、灯座和电极，部分手机还装有回气管、过滤器、气体调压装置。医师手持手柄部分进行治疗。

4）防回吸装置：在手机内设计防回吸逆止阀，防止患者口腔中的唾液和血液回吸至手机内部，污染手机内部与水、气管路。

（2）工作原理：牙科手机的工作原理是利用压缩空气对风轮片施加推力，带动夹轴及其夹持的车针连续而稳定地高速旋转，对牙体组织进行钻磨或切割。

2. 空气浮动轴承式涡轮手机　空气浮动轴承式涡轮手机转速更高，使用寿命也更长，但由于其在使用过程中所产生的噪声较大和扭矩较小，所以在临床中采用较少。

（1）基本结构：空气浮动轴承式涡轮手机的叶轮夹轴依靠前、后各一个空气轴支撑，空气轴承为硬质合金钢套，其上有数个圆周分布的微孔，钢套的内孔与夹轴之间有 0.05mm 的间隙，钢套外环的上下各有一条凹槽，凹槽内装有耐油的 O 形橡胶圈。

（2）空气浮动轴承式涡轮手机的工作原理与滚珠轴承式涡轮手机基本相同。

（二）气动马达手机

气动马达手机（图 4-6）又称为低速手机，是由气动马达和之间相配的弯机头和直机头组成的一套马达手机。直、弯机头可更换使用，车针转速可达 $(0.5 \sim 2.0) \times 10^4 \text{r/min}$，具有正、反转和低速的打磨、钻、削功能。

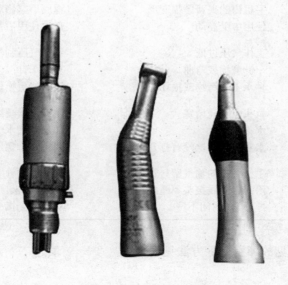

图 4-6　气动马达手机

1. 气动马达 由定子、转子、轴承、滑片、滑片弹簧、调气阀、输气阀、消音气阻及空气过滤器组成。高压空气沿马达定子内壁切线方向进入缸体内部形成旋转气流，通过滑片推动马达转子旋转，转子轴又带动机头进行工作。

2. 直机头 由轴承、芯轴、三瓣夹簧、锁紧螺母及外壳组成。芯轴由两个轴承夹固在机头壳内，芯轴内前端装有三瓣夹簧，转动锁紧螺母，可使三瓣夹簧在芯轴内前后移动，放松或夹紧车针，而芯轴则由气动马达带动旋转。

3. 弯机头 由带齿轮和夹簧的轴承、夹轴、齿轮杆、钻扣及机头外壳组成。马达将动力传动给弯手机后轴，而后轴又通过齿轮驱动中间齿杆旋转，中间齿杆又用齿轮驱动夹轴齿轮，夹轴齿轮带动夹轴内的车针旋转。

三、牙科手机使用与操作常规

1. 压缩空气中不能带有水分、机械油和杂质。

2. 手机工作的压力控制在 0.22～0.25MPa。压力过高或过低都会缩短手机的使用寿命。

3. 选用合格的磨石和车针，车针直径必须在 1.59～1.60mm，装卸车针手法需正确，直机头未夹紧车针，不得开动马达。

4. 气动马达连接轴插入直机头或弯机头，马达上的卡扣应锁紧。

5. 操作时请勿按压车针；严禁空转手机，以免夹簧在松弛状态下高速旋转受损。

四、技术故障与排除方法

滚珠轴承式涡轮手机的技术故障与排除方法见表4-3。

表4-3　滚珠轴承式涡轮手机的技术故障与排除方法

故障现象	故障原因	排除方法
车针松动或抖动	车针不符合标准 手机内的夹簧磨损变形 使用中受震动	更换车针 返回厂家修理 每次使用后都将车针卸下拧紧
手机转动无力	工作气压过低 车针磨损或弯曲 轴承上有污物或损坏	调节气压到额定值 更换车针 清洁或更换轴承
无冷却水雾	机头出水孔堵塞 水箱内无水 水量调节螺丝没有打开	用细钢丝疏通水雾小孔 加足蒸馏水 调节水量螺丝即可
手机尾部漏水	手机管中的输气塑料管断裂 治疗台管线接头不匹配导致 拧不紧，封闭不严	更新塑料管 更换匹配接头

气动马达手机常见故障及排除方法见表4-4。

表4-4　气动马达手机常见故障及排除方法

故障现象	产生原因	排除方法
直手机夹不住车针	三瓣夹簧有污物、生锈	清洗三瓣夹簧
直手机不转	轴承损坏	更换轴承
弯手机卡不住车针	卡簧片磨损或不合格车针	更换卡簧片,使用合格车针
弯手机转动无力	齿轮磨损、故障	更换齿轮
马达扭力不足	滑片磨损 管路中有污物	更换滑片 拆卸清理
直手机或弯手机在马达旋转时整体旋转	马达前插管的O形圈磨损	更换O形圈
马达不转	马达直手机未装车针或马达损坏	装好车针,维修或更换马达
马达和连接处漏水	马达气管接头连接不良 密封胶垫老化	拧紧马达与气管 更换密封胶垫

五、维护与保养

1．手机使用前,检查供水系统的管道是否老化、生锈,水路管道中是否有异物。

2．手机切勿碰撞、跌落,如有该情况一定要矫正机头并更换筒夹后方能使用。

3．装卸车针前用小毛刷清除工作头附近的碎屑,用75%乙醇擦净手机头部。

4．绝对不能将手机浸泡在带有酸性的消毒液中,否则将严重损坏筒夹和手机的内部构造。

5．切勿使用超声波清洗机对手机进行清洗。

6．每天使用前,从气动马达尾部进气孔喷射含油清洗润滑剂数秒钟。

7．每天工作完毕后,卸下直、弯机头,从机头后部传动轴旁加注3～5滴润滑油,再装在气动马达上,轻踏几次脚控开关慢慢转动几秒钟,以均匀润滑。

8．高温高压消毒前,一定要加清洗润滑油,排出手机内的污物、异物,再放入高温高压消毒袋,然后进行高温高压消毒。132℃消毒设定时间为15min;123℃消毒设定时间为20min;消毒后即取出,不宜在消毒锅内过夜。

知识拓展

牙科综合治疗台

随着科学的进步,牙科综合治疗台也有了飞速的发展。现在的牙科综合治疗台所有的主要功能可以根据医生、护士的需求配置。所有功能按钮布局更为直观且容易操作,简化了工作流程。如:患者座椅可通过脚或手控进行椅位调节;从患者进入位或吐痰位均可一键回到最后治疗位;助手单元专为两手或四手操控而设计,可轻松、自由地进入患者治疗区域;多达4个器械位,可进行全方位的治疗;可大范围转动的助手架臂使得患者与医生无障碍沟通;在一个消毒解决方案内集成了持续的水消毒、冲洗和净化功能,并且与城市供水系统分离等。

思 考 题

    1. 口腔综合治疗机的工作操作常规是什么？

    2. 口腔治疗牙椅的工作操作常规是什么？

    3. 口腔综合治疗台的基本功能有哪些？

    4. 牙科手机的分类有哪些？

    5. 牙科手机的日常维护及保养有哪些？

（付小静　张亚露　姚永萍）

口腔四手操作技术与环境设备要求

口腔四手操作技术即在口腔治疗的全过程中，医生、护士采取舒适的坐位，患者平卧在牙科综合治疗台上，医护双手（四只手）同时在口腔内进行各种操作，平稳而迅速地传递所有器械、材料，从而提高工作的效率和质量。1985 年，美国牙科医生 Beach 提出 PD（proprioceptive derivation）理论，这种由 PD 理论指导的牙科四手操作称为 PD 操作。

◀ 第一节　PD 理论临床应用和要求 ▶

一、PD 理论的基础

PD 操作理论的基础是固有感觉诱导，它是指人体本身的平衡感觉及肌筋膜的本体感觉在人体内部的一种感受，是人及其自身的行为和周围的环境建立起自然平衡状态的一种感觉。PD 操作的核心观点是"以人为中心，以感觉为基础，以'0'为概念"。

（一）以人为中心、以感觉为基础

所谓以人为中心，即一切与治疗有关的主客观因素都要有利于"为患者治病"这一需要。凡是不适应这一需要的一切因素包括工作环境、机械设备甚至设备摆放及安置的位置都要改革，以满足医生、助手和患者的共同要求，从而达到治疗过程中最低能耗、最佳效果。通过人的本体感觉诱导使操作者的各部位都处于最自然、最舒适的状态，在肌肉放松、情绪平和的姿势与体位下进行精细操作。既保证了动作的精确稳定，又保证操作者轻松不疲劳，从而最大限度地提高工作效率。

（二）以"0"为基础的标准人体体位分级

将人体分为 9 个部位，躯体各部位"0"基础的标准见表 5-1。

表 5-1　以"0"为基础的标准人体体位分级

身体部位	"0"基础标准
小腿部（脚底至膝）	脚掌着地，小腿与地面垂直，四周无障碍
大腿部（膝至髋关节）	腓骨小头与坐骨结节连线与地面平行，大腿内收外展及上抬时无妨碍活动的物品
腹部及骨盆部（髋关节至肋下缘）	平衡不倾斜，医师中腹部与患者头部轻触
胸廓躯干部（第7颈椎至第4腰椎）	与水平面垂直
头部	瞳孔连线及眼角耳屏线与地面平行
肩部	两侧平衡，自然放松
上臂部	上臂自然下垂，肘部贴近胸廓
前臂及腕部	前臂及腕部伸直不扭曲，左右活动不超过10°
手指部分	手指自然放松呈睡眠时状态

二、医、护人员最舒适体位的要求

（一）医师最舒适体位的要求

医师采用平衡舒适的坐位，坐骨粗隆与股骨粗隆连线呈水平状，大腿上缘与地面约呈15°，身体长轴平直，上臂垂直，肘维持与肋接触，头部微向前倾，视线向下，两眼瞳孔的连线呈水平位，双手保持在心脏水平。医师的眼与患者口腔距离保持在 36～46cm。通过调整座椅的前后高低位置、头枕、诊疗脚控开关及体位左右旋转等各个位置，使医生获得最佳工作状态进行规范操作。

（二）护士最舒适体位的要求

护士应面对医师取坐位，座位比医师高 10～15cm，护士双脚放在座椅脚踏上，维持舒适的平衡工作位置；髋部与患者肩部平齐；护士的大腿向患者体位旋转 45°角，左腿靠近综合治疗台，大腿与地面平行，护士的座椅前缘应位于患者口腔的水平线上，尽可能地靠近患者，以便与医师传递、交换器械和材料，减少其在精神和体力上的疲劳。

三、PD 技术的获得与系统训练

在符合四手操作技术操作设备和环境设置的临床或训练场地，运用固有感觉诱导辨别和确定人体各部位的尺寸、角度和方式，自我感觉能够达到最佳手指操作、视线控制的体位等空间位置关系；实际训练掌握手指的灵活控制、正确的视线轨迹和操作的技术程序；在临床各科实习，掌握各病种的 PD 技术，达到最自然、最舒适的体位获得状态，提高医、护、患三方的舒适度。

◀ 第二节　治疗室的安排与工作单元的设计 ▶

为了保障医疗质量、提高诊疗效率，在诊室设计时应考虑到诊疗方式、营运规模、设备摆放、感染要求等对设计的影响。另外在工作单元的空间设计上，有条件的医院或者诊所可设计为独立的诊室，若是在开放式诊室，则使用隔板区分每个治疗空间，尊重每位患者的隐私。

一、四手操作技术配合的诊室配备要求

（一）工作单位面积

1. 一般安装一张综合治疗椅的诊室，要求总长度一般为 310～350cm，宽度一般为 280～320cm。

2. 牙椅的长度一般为 180～195cm，医生座位活动空间为 60～80cm，护士座位、器械台或治疗车的活动空间为 200～250cm，牙椅前端离墙距离不少于 30cm。

3. 一台口腔综合治疗台的使用面积一般分为：一个诊断室多台牙椅位的单个工作单元基础面积应不少于 10m²；独立空间诊断室的面积在 13～15m²。

（二）摆放

摆放在开放式诊室两台治疗台之间需安装不低于 130cm 的隔板，以保护患者隐私、消除患者紧张情绪，方便医患交流。

1. 口腔综合治疗台摆放于形状不规则的诊室时，首先照顾患者上、下椅位方便，保障患者就诊的舒适度，其次考虑医生和护士取放器材操作方便。

2. 口腔综合治疗台摆放于方正的诊室时，与摆放于形状不规则的诊室时的使用空间应相同，功能不降低。

边台的长度为 78～80cm，宽度为 45～55cm，长度根据诊室的空间设计而定，边台内需安装放置废物桶、分别放置医疗垃圾和生活垃圾，废物桶不应暴露在诊室环境之中。水池大小适宜，为符合感染要求，建议安装感应供水龙头。安装正位摆放的诊室器械台，医生和护士各在一侧，器材分工明确、便于四手配合、使用方便；斜位摆放的诊室器械台，与正位摆放功能相同，如器械台的摆放只能满足一方时，另一方可考虑用治疗车代替，详见图5-1。

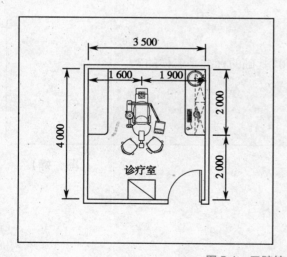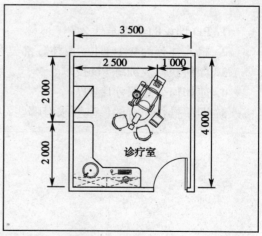

图 5-1　口腔综合治疗台摆放

二、四手操作技术工作单元的设计

（一）四手操作技术牙椅位的基本配置

口腔综合治疗台的主要参数如下：

电源：交流电，电压为220V±10%，频率为50Hz。

功率：1.2～1.8kW。

供水压力：0.2～0.4MPa。

供气压力：0.5～0.7MPa。

气源流量：不低于 50L/min。

吸引器：真空度不低于 40kPa。

一般整机净重：180～260kg。

牙椅设计宽大、舒适，符合人体工程学的设计，照明灯为冷光源，两支气动涡轮手机（高速手机）、一支低速手机、一支三用枪和强、弱吸引器各一个可供选择使用，能解决口腔疾病的基本治疗。

（二）医疗废物的暂存与处置

1. 医疗废物暂存

（1）医用污物暂存处应该与半污染、清洁区分开，是一个封闭的专用空间，空间的大小根据医院的规模而设定，门口张贴警示标识，此处方便医疗废物运送车辆出入。

（2）房间内部地面和墙体要求：必须进行防渗处理，且要有良好的排水功能，易于清洁和消毒。

2. 医疗废物处置

（1）在医疗卫生机构的医疗废物应做到日产日清。无论医疗废物是否有明显的血液、体液污染或是否接触过完整的皮肤黏膜，只要接触医疗废物，均应做好标准防护。

（2）废弃物的提取口应尽量设在诊室之外，但要避免非工作人员接触。

（3）暂存处内应分区存放一般废弃物和尖锐废弃物并设置标识，应备有剪刀和小钳子，用于一次性尖锐物品的毁形。消毒处理后由专业人员和车辆定时上门清理。

思考题

1. PD 理论的基础是什么？

2. 将人体分为 9 个部位，躯体各部位"0"基础的标准是怎样的？

3. 如何获得及训练 PD 技术？

4. 应如何处置医疗废物？

5. 四手操作配合的诊室要求有哪些？

（冯　婷）

第六章

口腔内科临床设备

学习目标

1. 掌握口腔内科临床设备的使用与操作常规。
2. 熟悉口腔内科临床设备的技术故障与排除方法。
3. 了解口腔内科临床设备的分类、结构、工作原理。

口腔内科临床设备主要是在进行龋病、牙周病、黏膜疾病等诊疗中所需要使用的设备。

第一节　口腔内科临床诊断仪器设备

一、牙髓电活力测试仪

牙髓电活力测试仪(pulp tester)(图6-1)是口腔科常用的一种检测仪器。它是利用机器产生脉冲电流，对牙神经进行电刺激，通过牙齿对脉冲电流的耐受大小，来判断牙髓神经活力程度，为医生准确地判断患者的牙髓活力提供了有效、可靠的依据。

(一)基本结构与工作原理

1. 基本结构　由主机、牙髓活力棒、口角挂钩、测试线组成。其中主机主要由塑料外壳、数码显示管、控制电路板、输出接口、操作显示屏、开关机键、测试线插孔、指示灯等组成，见图6-1。

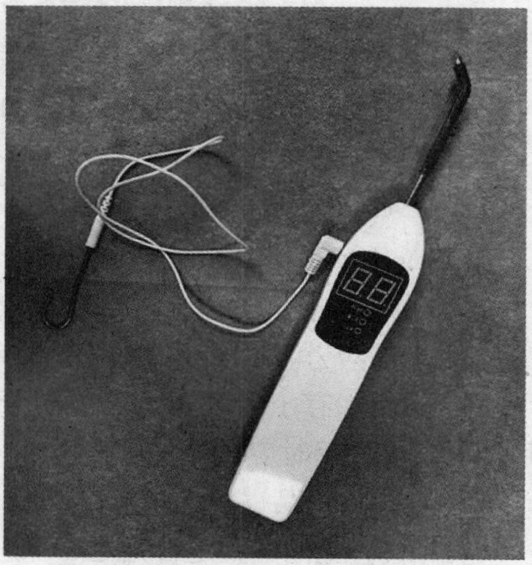

图6-1　牙髓电活力测试仪

2. 工作原理　脉冲电流刺激牙髓中的神经感觉器，当牙髓神经超过感受耐受阈值后，牙齿会出现酸、痛、麻的感觉。通过阈值的大小来判断牙髓神经是否有活力。

(二)主要技术指标

1. 电源电压　直流6～10V。

2. 输出电压　0～100V，可连续调节。

3. 输出频率　100Hz。

（三）操作常规

1. 确定仪器准备工作安装完毕，是否通电及处于清洁备用状态。

2. 测试前应先向患者说明测试的目的以及测试感受，交代患者如何配合，消除紧张情绪，取得患者的配合。

3. 将口角挂钩挂在被测试者口角的任一侧。

4. 隔湿、干燥测试牙，在探头上涂一层牙膏作为电流导体。

5. 将牙髓活力棒斜面放在被测试牙唇面或颊面的 1/3 处进行测试。先测对照牙，再测患牙，每颗牙测试 2~3 次，结果取平均数。如遇装有心脏起搏器或有严重心律失常患者，禁止使用牙髓电活力测试仪。

6. 调节好电流数字变化速度（"High"为高速、"Mid"为中速、"Low"为低速），从"0"开始，数值慢慢增加。当被测试者稍感酸、麻、痛时，立即将探头离开被测牙。同时记录屏幕上的数字，此数据则为该牙齿的电刺激阈值。

7. 产品显示的数据最大为 80，在 0~40 被测牙有酸、麻、痛感觉的可判断为活髓牙，在 40~80 有反应的可判断为部分坏死，到了 80 还没有反应的可判断为死髓牙。

（四）技术故障与排除方法

牙髓电活力测试仪技术故障与排除方法见表 6-1。

表 6-1　牙髓电活力测试仪技术故障与排除方法

故障现象	故障原因	排除方法
打开电源不能开机	电池电量不足	更换电池
	电池安装错误	重新安装电池
	常按开机键	重新开机
速度显示灯不转换	速度选择键失灵	开机重试
速度显示灯不亮	速度显示灯失灵	开机重试
测量时无反应	连接线损坏、插头接触不良	更换连接线，确认插头已插好
	牙髓活力棒没有插到位	重新插好牙髓活力棒
	斜面没有和牙面充分接触	使斜面和牙面充分接触
	口角挂钩没有插到位，接触不良	将口角挂钩挂好并充分接触
	牙面未进行测前处理	处理牙面

（五）维护与保养

1. 每位患者用后应用中性消毒湿纸巾擦拭清洁主机及各配件。

2. 牙髓活力测试棒和口角挂钩使用后需要消毒灭菌。

3. 日常保存于无日晒、无雨淋、无尘埃、无腐蚀性气体、无化学挥发物、通风良好的场所。长期未使用时应取出电池。

4. 定期对产品进行保养检查

（1）检查电池电量是否充足，一般使用 1 年左右应及时更换。

（2）检查电源开关能否正确打开、关闭。

（3）开机，检查各个按键是否灵活可用。

（4）检查模式开关能否正常地选择、指示灯是否亮。

（5）检查牙髓活力棒是否有破损、变形、氧化。

（6）检查口角挂钩形态是否完好，是否有破损、氧化、变形。

（7）检查测试线是否有破损、是否能插牢。

二、牙周压力探针

牙周压力探针用于测量整个牙列的每个面有无牙周袋形成、牙周袋深度、牙周附着水平、根分叉病变及探诊后龈沟/牙周袋出血，以此数值反映与评估牙周支持组织丧失程度的情况，是牙周病诊断中重要的检查方法。

（一）牙周压力探针的分类

1. 钝头牙周探针　工作端带毫米刻度，根据检查目的不同而在探针的弯曲角度和刻度间距有所不同，每个刻度有 1mm 或 2～3mm。工作端基本为圆柱形，逐渐变细，利于插入，尖端处为钝头，直径为 0.5mm。

2. 牙周压力敏感探针　通过电子装置来辅助进行牙周探诊，这些自动电子探针的误差小于 1mm，准确率可达 99%。

（二）结构与工作原理

1. 钝头牙周探针

（1）结构：钝头牙周探针由手柄和两个工作端组成，工作端呈两个不同形状的弯曲。一端呈弧形，可检查牙体点、隙、裂沟、龋洞及牙体的感觉，也可用于检查皮肤或黏膜的感觉功能。另一端为带刻度工作端，用于牙周袋深度的测量。

（2）工作原理：为了能反映牙周袋在牙面的位置及形态，牙周探针应沿着牙长轴在各个面进行探查，通常分别在牙的颊（唇）、舌面远中、中央、近中测量，每个牙要记录 6 个位点的探诊深度。在探诊过程中应沿着牙周袋底提插式行走，以便探明同一牙面上不同深度的牙周袋。

2. 牙周压力敏感探针

（1）结构：牙周压力敏感探针主要由压力探针、探测手柄、光学解码器、数据转换器、脚控开关及计算机储存系统等组成。

（2）工作原理：牙周压力敏感探针工作端由钛金属制成，压力敏感受探诊手柄中弹簧的控制。根据需要施加压力，可保证探诊压力恒定。当套筒放置到牙龈边缘时，探针探至牙周袋底，其内部传感装置会将得到的信息传至手柄末端光学解码器，通过相连的数据转换器传输到计算机存储系统。牙周压力敏感探针软件可进行牙周危险因素的记录、评价及预警。

（三）使用与操作常规

1. 钝头牙周探针　在测量牙周袋时，支点要稳，牙周探针尖端始终紧贴牙面，探针应与牙的长轴平行，但由于邻面接触区的阻挡，探针若与牙长轴平行就不能进入龈谷区，而邻面袋最深点常在龈谷处，故探测邻面时，可允许探针紧靠接触点并向邻面中央略微倾斜，这样便可探得邻面袋的最深处。

2. 牙周压力敏感探针

（1）连接安装光学解码器、数据转换器、脚控开关、计算机电源。

（2）点击标准工具栏中的"新建"，创建患者的基本信息，并记录患者的系统病史、既往史、服药史及吸烟史等。

（3）将光学解码器与探针手柄连接，跟随向导完成校准。

（4）根据需求从菜单选择所需模式，临床检查结果通过脚控开关确认相关数据。如需保留、打印，则选择相应操作键。

（5）在检查未经过治疗的牙周时，若探针触到结石，系统会误认为探针已到达袋底，会造成错误读数，应予注意。

（6）若患者牙周袋的深度大于该探针的有效校准深度时，则不能准确测出。患者牙齿拥挤程度、牙龈萎缩程度不同，探诊结果亦可能存在偏差。

（四）技术故障与排除方法

牙周压力敏感探针的技术故障及其排除方法详见表6-2。

表6-2　牙周压力敏感探针的技术故障及其排除方法

故障现象	故障原因	排除方法
软件无法正常工作	未正确安装软件 感染计算机病毒 电子狗被破坏	重新安装软件 进行计算机查毒、杀毒 联系厂家进行修复
探针不能移动	探针手柄上的按钮被按下	松开手柄上按钮
读数不准确或显示错误	光学解码器、数据转换器接口未拧紧、滑脱 探针变形或数据线损坏 检查过程中，更换探针而未校验	将连接处拧紧 更换探针、数据线 重新校验探针

（五）维护与保养

1. 手柄的维护　探针手柄为一次性使用，使用前需要消毒灭菌。建议消毒灭菌方法为过氧化氢、环氧乙烷或伽马射线辐照冷灭菌，注意探针手柄禁止使用高温高压灭菌。探针手柄用完后需依据当地法规妥善处理。

2. 光学解码器的维护　每次使用时须将连接处拧紧，光学解码器不建议使用高压蒸汽消毒或喷洒消毒剂，应使用一次性保护套加以保护或者消毒湿纸巾擦拭消毒。数据线应避免过度折叠或挤压。

◀ 第二节　口腔用内镜系统 ▶

口腔内镜系统又称口腔内摄像系统、口腔内镜、口腔内窥镜，它是口腔科的视频影像系统。适用于口腔科对患者进行检查、摄像、图像处理和资料整理。

一、口腔内镜

口腔内镜是口腔科的视频影像系统。通过口腔内镜手柄获得清晰度高、层次感好的视频图像，显示出口腔内牙体、牙周及黏膜组织的病变和治疗情况。主要用于医患之间的交流与沟通，进行口腔卫生宣传教育和临床教学与科研等。

（一）结构与工作原理

1. 结构

（1）装有摄像头的手柄，摄像镜头为定位镜头或可变焦镜头，能做90°旋转，10～40倍放大。

（2）影像接收和照明系统，通过电缆与摄像手柄相连。

（3）电脑处理系统，通过电缆与摄像手柄相连。

（4）高分辨率的彩色打印机。

2. 工作原理 由于口腔内特定的环境，口腔内镜必须带光源。内镜光源将目标物体照亮，被照射物体的反射光线通过摄像头的光学透镜将物像投射到CCD（电荷耦合器件）接收板。

由于使用了计算机技术，可对影像进行各种处理、分析、存储、再加工、分档，并可随时调用，结合计算机网络技术，可对影像进行远距离单点传输、多点传输等，实现远程会诊、资源共享。

（二）口腔内镜使用与操作常规

1. 安装摄像手柄，接连电源，开启设备。

2. 摄像手柄采用握笔方式握持，为了减少抖动，获取更清晰的影像，需选择稳定的支撑点。

3. 图像的选择和存储使用脚控开关。

（三）技术故障与排除方法

口腔内镜的技术故障及其排除方法详见表6-3。

表6-3　口腔内镜的技术故障及其排除方法

故障现象	故障原因	排除方法
图像模糊	摄像头质量不佳 焦距未调好 口内雾气影像	更换清晰度较高的摄像头 调整好焦距 更换有处理雾气装置
无图像	照明系统故障 接触不良或线路损坏 摄像系统故障 监视器或电脑故障	修理或更换照明系统 维修或更换接头或传输线缆 修理或更换摄像系统 修理更换监视器或电脑

（四）维护与保养

1. 口腔内镜手柄是由易碎、易磨损元件构成，以避免损坏手柄。使用前请交代患者不能用牙齿咬，使用中应轻拿、轻放以避免磕碰。

2. 有些口腔内镜使用光纤传导图像，应防止折叠。

3. 口腔内镜要使用自带光源照明，应尽量避免连续长时间使用，以延长光源的寿命。

二、牙周内镜

牙周内镜用于牙周组织龈下部分进行可视化治疗，以及对牙龈边缘以下的根面结构进行可视化观察的仪器。

（一）结构与工作原理

1. 结构 牙周内镜主要由控制器、光纤、牙龈冲洗器、观察仪探头、供水装置、观察仪、搬运系统等构成。

（1）控制器：采用 CCD/LED 照相机和光耦合器，通过控制器由内镜光纤来提供成像和照明功能。

（2）光纤：是具有成像和照明功能的软轴，当插入牙龈冲洗器和探头时，内镜可以呈现诊断和治疗位置高度放大的详细图像，治疗后无须对光纤进行消毒。

（3）牙龈冲洗器：进行冲洗时可保持内镜透镜的清洁，并且可对病原体构成隔离屏障，防止光纤和患者之间发生交叉感染，可延长光纤的使用寿命。

（4）观察仪探头：可消毒牙科仪器，可根据治疗牙位、位点不同选择相关探头。

（5）供水装置：可选择不同的冲洗液，冲洗、去除工作区的血液和组织，通过脚踏来控制。

（6）观察仪：可提供高分辨率的实时视频图像。

（7）搬运系统：用于转运和移动仪器，轮锁可固定仪器。

2. 工作原理 牙周内镜是以光源照射组织表面，经图像传感器转换为电信号，再转化为数字信息，经处理后将图像即时呈现在观察仪上。

（二）使用与操作常规

1. 连接仪器电源、供水装置，检查气压（344.75～413.7kPa）。

2. 连接光纤，打开观察仪开关，检查光纤探头是否聚焦，是否正常成像。

3. 连接牙龈冲洗器，检查水流是否稳定。

4. 安装观察仪探查手柄，确保光纤插入探查手柄凹槽内，注意蓝色水管朝上。

（三）技术故障与排除方法

牙周内镜的技术故障及其排除方法详见表6-4。

表6-4 牙周内镜的技术故障及其排除方法

故障现象	故障原因	排除方法
成像显示不清晰	光纤没有完全装入套管	旋转改变光纤相对于套管镜头的位置
成像模糊不清	套管末端有悬浮水滴	纱棉布擦拭仪器末端
成像上有黑点	透镜上有灰尘或碎屑	干棉刷擦拭成像导体末端
无法显示根管表面	软组织干扰根管表面的显示	调整角度，调节仪器尖端与牙齿表面接触位置
水流不正常	水压不足或套管缺陷	检查水压，重新安装或更换套管
电源异常	电路中断或保险丝熔断	依次排查电路连接

（四）维护与保养

1. 牙龈冲洗器为一次性使用，可对病原体构成隔离屏障，防止光纤和患者之间发生交叉感染。牙龈冲洗器如有受损不得使用，需重新更换。

2. 光纤为易碎组件，操作时需谨慎小心，不得过度弯曲和拉伸，不得将套管强行套入光纤，以免折断或损伤纤维光纤束。当不使用仪器时，需用保护套套住光纤。

3. 根据治疗牙位及位点不同，选择不同观察仪探头。更换探头时需注意避免损伤光纤及牙龈冲洗器。

三、根管显微镜

根管显微镜（dental microscopes）是目前广泛使用的一种大型精密仪器，主要用于牙髓、根管的检查和治疗。它拥有充足的照明亮度和光场，具有良好的操作视野和稳定性，可以观察到根管的细微结构，如根管口的位置、根管内壁形态、根管内牙髓情况、根管预备情况及清洁程度等，为医生做根管治疗开阔了视野，从模糊治疗改进为清晰治疗，缩短了诊疗时间，提高了工作效率和根管治疗成功率。

（一）基本结构与工作原理

1. 基本结构 主要由底座、立柱、控制箱、悬臂、镜头支架、镜头组成。

（1）底座：用于支撑和移动整个显微镜系统。配有重铁、万向轮和刹车。重铁的主要作用是增强显微镜系统的底座重量，增强稳定性，防止翻倒。万向轮可随意移动显微镜至合适位置，以方便医生操作。当位置选好后，用刹车固定位置，避免装置随意移动。

（2）立柱：主要用于固定和安装控制箱、悬臂和镜头等，起到较好的支撑作用。

（3）控制箱：用于安装和控制电源、光源。

（4）悬臂：用于镜头支架和镜头的安装，并可以在水平面及上下垂直面随意扭转及移动，用于调节镜头支架及镜头的位置，使得镜头可以轻松地朝向观察部位，选定位置后，锁定悬臂。

（5）镜头支架：用于安装镜头。可以使镜头旋转，可灵活调整镜头的位置和方向，使镜头精准地朝向观察部位。

（6）镜头：是显微镜系统的主要工作部分和核心装置，包括物镜、目镜、助手镜和调节旋钮等。其性能和功能根据品牌的不同而有所差异。

2. 工作原理 根管显微镜的工作原理主要是光学原理，卤素灯或LED灯发出的冷光源通过光纤到达物镜和被摄物体，而观察的物体经物镜通过分光镜送到目镜和助手镜或摄像系统，通过调节焦距和放大倍数看清观察物体，锁定镜头，即可开始检查和治疗。

（二）操作常规

1. 对患者交代注意事项，告知患者如何配合，消除紧张情绪，取得患者的配合。

2. 取下防尘罩，检查显微镜各项性能，是否完好可用，镜头是否清晰无污染等。

3. 确认使用前的检查准备工作均已完成，接通电源，打开开关。

4. 将手术显微镜移动至工作位置。

5. 将手术显微镜镜头移至手术区域的上方，轻拉悬臂，将手术显微镜调整到一个适合手术体位的姿态。

6. 调节倍率旋钮选择要求的倍率。

7. 将镜头轻轻移向被观察物体，握住手术显微镜镜体部的把手移动手术显微镜，通过目镜观察对手术区域进行粗调焦，再进行微调焦使得视场清晰。

8. 被观察物体成像清楚后，锁定镜头，可进行检查或治疗。

9. 使用完毕后，关闭开关，待散热风扇停止工作后切断总电源，盖上防尘罩。

（三）技术故障与排除方法

根管显微镜系统的技术故障与排除方法见表6-5。

表 6-5　根管显微镜系统的技术故障与排除方法

故障现象	故障原因	排除方法
打开电源不能开机	电源没有插好	重新插好电源
手术区域灯不亮	灯泡和保险丝损坏	更换灯泡或保险丝
	LED 光源电源线没有插好	正确连接 LED 光源电源线
手术区域的光照度不足	LED 光源寿命到期	联系维修服务机构
手术显微镜上下调节不灵活	手轮紧定螺钉拧得太紧	调松手轮紧定螺钉，使得阻力大小合适
对焦不清晰	镜片模糊	检查、擦拭镜片是否有污垢
	对焦旋转滑轮故障	联系厂家维修
不能放大倍数	放大倍数按钮故障	联系厂家维修
光强度无法调节	灯源故障、按钮故障	联系厂家维修

（四）维护与保养

1. 移动时扶住立柱，缓慢小心地移动，避免碰撞。移动到预定位置后，踩下脚轮的脚闸锁定脚轮防倒置，避免剧烈振动。

2. 仪器的外表面及镜头防护罩可用干净的中性湿布进行擦拭。不能使用具有腐蚀性或有磨砂作用的清洁剂清洁，注意防潮、发霉。

3. 显微镜是光学设备，应按光学设备的要求进行维护保养。注意保持显微镜的清洁和镜头的干燥，光学镜头表面的血迹、体液等污垢先用光学擦镜纸或脱脂棉花，蘸蒸馏水加少许洗涤液擦去，残留的污迹可用擦镜纸或脱脂棉花蘸少量溶剂，如 50% 乙醇和 50% 乙醚的混合剂将镜片轻轻擦拭干净（从中心螺旋形向外擦）。镜片上的灰尘，可用鼓气球吹去或用拂尘笔拂除。不能使用具有腐蚀性或有磨砂作用的清洁剂，避免刮花。

4. 使用后关机前，先将亮度调至最小，关闭光源，待充分散热后再关闭电源。

5. 平常应将手术显微镜罩上防尘布袋。

6. 应定期与生产厂商或授权经销商联系，对仪器进行再检测。

◀ 第三节　口腔内科临床治疗仪器设备 ▶

一、光固化机

光固化机主要是用于加速补牙用复合树脂的固化时间，根据不同的发光原理，分为卤素光固化机和 LED 光固化机两种，目前临床用得较多的为 LED 光固化机。

（一）基本结构与工作原理

1. **基本结构**　LED 光固化机主要由主机、光导纤维管、护目镜片、锂电池组成。

2. **工作原理**　主机内部主要由控制电路板组成，它将电能直接转换为光能，利用注入式电子发光原理制作的二极管称为发光二极管，当 LED 处于正向工作状态（即两端加上正向电压），电流从 LED 正极流向负极，半导体晶体发出从紫外线到红外线不同颜色的光，光的强弱与电流大小有关。

（二）主要技术指标

1. 电源适配器输入 AC100～250V，50/60Hz。

2. 输出 DC5V，3A。

3. 波长 410～490nm。

4. 电池 3.7V 锂电池。

（三）操作常规

1. 打开电源。

2. 设置好照射时间与照射模式，如照射时间可设置为 5s、10s、20s、30s、40s、50s 等，照射模式可设置为快速式（设定时间内以全功发光，快速、省时）、渐进式（设定时间的最初 2s 功率渐升，之后功率全开至结束）、脉波式（每次以全功率发光 0.8s，每次间隔 0.2s，直至设定时间结束）。

3. 粘好避污膜、套好一次性透明塑料薄膜，戴好护目镜，将光导纤维管头端靠近被照区域，其间距离为 1～2mm。打开光照开关，待光照时间结束后，蜂鸣音发出提示音，结束光照。

（四）技术故障与排除方法

光固化机技术故障与排除方法见表 6-6。

表 6-6　光固化机技术故障与排除方法

故障现象	故障原因	排除方法
打开电源不能工作，指示灯不亮	电池电量不足	将电池充电或更换电池
打开电源后，无光发出	电池没有安装正确	将电池重新安装
	未按开机键	长按开机键开机
	光导纤维管未安装好	重新安装光导纤维管
	主机板故障	将主机退回厂家维修或检修
打开电源后，光强度变弱	光导纤维管上有残留树脂	清洁光导纤维管
	光导纤维管未安装好	重新安装光导纤维管
	主机板故障	将主机退回厂家维修或检修
充电后，使用时间缩短	电池老化	更换电池

（五）维护与保养

1. 光固化机在运输及使用过程中，应避免用力折断、碰撞。

2. 使用时，用避污膜包裹手握部位，用一次性透明塑料薄膜套入光导纤维管上，治疗结束后用中性湿纸巾擦拭消毒，以避免交叉感染。

3. 定期对光导纤维管进行清洁，避免因树脂或污物沾在光导纤维管的端头上影响光照效果。

4. 由于电池寿命有限，随着离子电池充电次数的增多，会导致每次充电后使用时间缩短，必要时可更换电池。长期不使用时应将电池取出，且远离火源。

5. 应定期使用测光表检测光固化机光照情况。将光固化机出光端对准测光表上的测光孔（注意不可歪斜，否则测不准确），启动光固化机，将光源完全照射在测光孔内，测光表将有数值显示光强值。如发现光照强度不够等,应及时与厂家联系维修,或及时更换光固化机。

二、根管长度测量仪

根管长度测量仪是牙科医生常用于测量根管长度的一种精密仪器,简称根测仪。为了更好地完成根管治疗,做到根管的完整充填,在根管的测量上采用数值化的方式,可以得出更为准确、安全和可靠的长度分析。

(一)基本结构与工作原理

1. 基本结构 根管长度测量仪由主机、根管针支架、口角挂钩、测试线组成。其中主机主要由塑料外壳、数码显示管、控制电路板、输出接口、操作显示屏组成。使用时,用根管针支架夹持器与插入根管的器械相连,口角挂钩与口腔黏膜相连。

2. 工作原理 用普通根管锉为探针来测量在使用两种不同频率时所得到的两个不相同的根管锉尖到口腔黏膜的阻抗值之差或比值。该差值在根管锉远离根尖孔时接近于零,当根尖锉尖端到达根尖孔时,该差值增至恒定的最大值。

(二)操作常规

1. 确定仪器准备工作并安装完毕,检查通电和仪器是否处于清洁完好备用状态。

2. 使用"模式"开关选择存储器 M1、M2 或 M3 模式。使用"选择"开关来设定根尖线位置或设置音量。

3. 测试前应先向患者说明测试目的以及测试感受,交代患者如何配合,消除紧张情绪,取得患者的配合。

4. 打开仪器,将口角挂钩挂在被测试者口角的任一侧,用根管针支架夹住根管针的金属部分。

5. 参照预先拍摄的 X 线片估计根管长度,将预先连接好的根管针缓缓插入待测牙根管内,此时仪器显示屏的指针向 Apex(根尖孔)标记处偏移,一般当根管长度指示条到 0.5 时,此时根管针前端已达到根尖孔附近(从根尖狭窄部到根尖的平均距离为 0.2~0.3mm,显示屏刻度盘上的 1、2、3 不表示根管针到根尖的距离单位是 1mm、2mm、3mm,它是提示操作者根管针在向根尖靠近)。为避免穿孔,操作动作应尽量轻柔缓慢,当根管针达到根尖孔时,会发出提示音,此时将根管针游离标在牙齿边缘固定下来,这一位置量出的根管长度即是根管长度。

(三)技术故障与排除方法

根管长度测量仪技术故障与排除方法详见表6-7。

表6-7 根管长度测量仪技术故障与排除方法

故障现象	故障原因	排除方法
打开电源不能开机	电池电量不足	充电或重新安装电源
	电池安装错误	重新安装电源
不能测定根管操作长度	测试线连接错误、断线	重新连接测试线、更换测试线
提示音不响	音量设置太小	将音量调大

续表

故障现象	故障原因	排除方法
不能改变存储器、不能更改设置	按键失灵	重新开机,多次按键
显示屏无显示	未开机、显示屏有问题	重新开机或检查显示屏
	口角挂钩没有插到位、接触不良,与口腔黏膜接触不良	将口角挂钩挂好,确保接触良好
显示屏的显示不稳定	根管针支架不干净或受损	检查根管支架形态是否完好无损、将根管支架清理干净

(四)维护与保养

每位患者使用后应用中性清洁剂擦拭清洁主机及各配件,根管针支架和口角拉钩使用后需要灭菌消毒。日常保存于无日晒、无雨淋、无尘埃、无腐蚀性气体、无化学挥发物,通风良好的场所。长期未使用时,应取出电池,并定期对产品进行保养检查,主要包括:

1. 检查电池电量是否充足,电池是否存在放电现象。
2. 检查电源开关能否正确打开、关闭。
3. 开机,检查各个按键是否灵活可用。
4. 检查模式开关能否正常地选择、指示灯是否亮。
5. 检查根管针支架、口角挂钩是否有破损、变形、氧化。
6. 检查测试线是否有破损、是否能插牢。

三、电动马达

电动马达搭配不同转速比的手机即可完成大部分临床治疗。具有低噪声,操作简单,治疗高效,使用方便的特点。

(一)基本结构与工作原理

1. 基本结构 通常主要由控制单元、带线马达手持件、连接器、弯机头、喷油嘴、交流适配器组成。

2. 工作原理 由电动马达带动弯机头所夹持的锉针旋转,使旋转的锉针进入根管切削根管壁,达到清除根管内容物、扩大根管的治疗作用。根管预备设备可根据不同锉针,自主调节工作程序、旋转方式、转速、扭矩,从而安全、高效地进行根管治疗。

(二)操作常规

1. 在临床牙科当中,马达应做到"一人一用一消毒"。
2. 告知患者使用目的及使用感受,解除患者的紧张感,有利于得到患者的配合。
3. 安置机器在符合要求的工作环境中。
4. 保证可充电的设备拥有完成治疗的足够电量,或者连接设备电源线到电源插座。
5. 将手柄插入手柄线连接处,安装灭菌待用的相应机头、钻针备用。
6. 使用结束后,关闭设备。

(三)技术故障与排除方法

电动马达技术故障与排除方法,详见表6-8。

表6-8　电动马达故障与排除方法

故障现象	故障原因	排除方法
转动不连续	接触不良	重新连接
不能转动	电动马达连接线接触不良	重新连接马达连接线插头
转动噪声大	密封圈老化	更换密封圈（或联系生产厂家）
转动时抖动厉害	防震圈老化	更换防震圈（或联系生产厂家）
无法调节马力	马力调节按钮划丝、松动、变大	更换马力调节按钮（或联系生产厂家）
与机头连接不稳	机头不匹配或未卡紧	重新连接或更换机头
	连接处划丝	联系生产厂家维修

（四）维护与保养

1. 不能用力摔打，保持轻拿、轻放。
2. 做好清洁消毒工作。
3. 不能将马达泡于消毒液或任何清洗液中。

四、热牙胶充填器

热牙胶充填器是一系列根管治疗设备中主要用于根管充填的设备。它的工作方式是将牙胶尖加热软化、熔融后，注入根管内，相比于传统的冷挤压充填技术，具有更加快速、精确，可达到三维致密的充填效果等特点。

（一）垂直加热加压充填器

1. 基本结构与工作原理

（1）基本结构：垂直加压充填器是由主机和工作尖组成，其中主机上包含工作尖接口、电池电量及温度显示屏、电源及温度调节按钮、电池组等。

（2）工作原理：主机内安装有微电路板，可以通过主机面板温度按钮调节加热器的温度，温度可以设定在100~600℃，常用温度为200~250℃。打开电源开关，工作尖端瞬间升温，笔尖在几秒内达到设定温度。

2. 操作常规

（1）选择合适的工作尖锥度（图6-2），将工作尖准确牢固地插入连接柄（图6-3）。

图6-2　选择合适的工作尖锥度　　　图6-3　将工作尖准确牢固地插入连接柄

（2）按下电源开关打开电源，检查显示屏上的温度，通过温度调节按钮调节所需温度。

（3）从根管口处将工作尖加热下压至工作长度（根据X线片和根管长度测量仪判断根管长度，一般需要达到根尖距离4~6mm处，并预先将根管针游离标在牙齿边缘固定下来）停止加热，为防止牙胶尖在工作尖冷却的过程中收缩，接下来的10s内保持根向加压

（图6-4）。用垂直加热加压充填器充填好根尖1/3，以免超充或欠充。

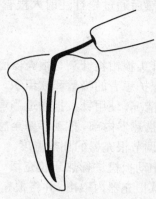

图6-4　保持根向加压

（4）再次加热工作尖1s，将工作尖紧贴根管壁取出。

（5）使用完毕，关闭电源或切换成待机模式。

3. 技术故障与排除方法　见表6-9。

表6-9　垂直加热加压充填器故障与排除方法

故障现象	故障原因	排除方法
打开电源不能开机	电池电量不足	将电池充电
	电池安装不正确	重新安装电池
显示屏错乱	工作尖未与主机正常连接	重新连接工作尖；尝试重新更换工作尖
	显示屏损坏	联系厂家维修
运行后5s内温度无变化	工作尖故障	更换工作尖，联系厂家维修

4. 维护与保养

（1）避免外部碰撞、潮湿和阳光直射。

（2）每位患者用后应用中性消毒湿纸巾擦拭清洁主机及各配件，避免使用烈性消毒品。

（3）工作尖使用后，应高温高压灭菌，如要废弃工作尖，应通过特定的废料处理进行废弃。

（4）长期未使用时，应取出电池。

（二）注射式热牙胶根充器

1. 基本结构与工作原理

（1）**基本结构**：注射式热牙胶根充器（以下简称根充器）由主机、充电底座、充电适配器、电源线、保护帽、活塞、针头、针头扳钳组成。其中主机上有电源开关、温度调节开关、电池显示灯（显示电池电量和充电状态）、温度显示屏（显示针头当前的温度）、牙胶注入口（使用镊子将牙胶推送至携热器内部）。保护帽是用于保护患者的嘴唇和软组织，在器械进入口腔之前装上。安装针头时，需要使用扳钳按照顺时针方向拧紧，预弯针头时，将针头插入折弯机进行预弯。

（2）**工作原理**：主机内安装有微电路板，可以通过主机面板温度按钮调节根充器的加热温度,温度可以设定在140～250℃,常用温度为160～200℃。加热枪本身带有加热功能,将加在枪膛内的牙胶加热融化,然后通过枪针注射入根管。用垂直加热加压充填完后,再用加热枪注胶充根管的后2/3。

2. 操作常规

(1) 选择合适的针头,并用针头扳钳将针头与根充器固定好。

(2) 将热保护帽安装好,以保护患者的嘴唇和软组织。

(3) 然后根据待治疗根管的情况,使用针头扳钳适当弯曲针头。

(4) 使用镊子将牙胶推送至携热器内部,推动活塞至感觉到牙胶棒时。

(5) 通过主机面板温度按钮调节根充器的加热温度。

(6) 待牙胶完全热熔,缓慢扣动扳机进行热牙胶充填。

(7) 使用完毕,将剩余牙胶从根充器内取出,并将根充器恢复到待机状态。

3. 技术故障与排除方法 见表6-10。

表6-10 注射式热牙胶根充器故障与排除方法

故障现象	故障原因	排除方法
电源无法开启	电池电量不足	将电池充电
	电池安装不正确	重新安装电池
针头无法挤出牙胶	牙胶量不足	补充牙胶棒
	活塞头部被残留牙胶堵塞	清理活塞头部
	针头受损	更换针头
自动关机	长时间未用	此为机器自动保护模式
活塞无法向后移出	受热收缩影响,活塞在变冷状态下可能无法后移	打开电源,调高温度,然后关闭电源,向后移出。如不行,联系厂家维修

4. 维护与保养

(1) 避免外部碰撞、潮湿和阳光直射。

(2) 因存在火灾危险,要避免器械和针头接触易燃性气体和液体。

(3) 每位患者使用后应用中性消毒湿纸巾擦拭清洁主机及各配件,避免使用烈性消毒品。

(4) 为了去除之前使用过的牙胶,在不连接针头的状态下打开电源,调高温度,然后关闭电源。向后拉动活塞,直至清空注入口。

(5) 活塞使用后应保持清洁状态,避免牙胶对内部零件造成影响。如果牙胶注入口处泄漏牙胶,使用镊子、清洁毛刷等通过注入口去除附着在活塞上的牙胶残留物,然后取出活塞进行清洁。

五、超声波牙科治疗仪

超声波治疗仪是将高频电能转换成超声振动,通过超声工作尖进行高频振荡的仪器,根据工作尖及功率的不同,应用于根管冲洗、去除根管异物、去除菌斑及牙石。

(一)基本结构与工作原理

1. 基本结构 该机主要由超声波发生器、换能器、工作头及脚踏开关4部分组成。

2. 工作原理　由超声波发生器产生 28～36kHz 的超声频率电脉冲波,经手柄中的换能器转换为超声振动,带动工作头产生相同频率的高频振动。根据换能器的不同,超声波仪器分为两类:

(1) 磁伸缩式:用金属镍等强磁性材料薄片叠成,通过镍片在电磁场中产生涡旋电流,使镍片产生形变,从而带动工作尖产生振动,工作尖运动轨迹是椭圆形的。

(2) 压电陶瓷式:它将压电陶瓷两端涂上电极,当两极间加上适当的电信号时,陶瓷的厚度依据电场强度和频率发生相应的变化,从而带动工作尖产生振动,工作尖运动轨迹是线性的。

(二) 操作常规

1. 安置机器在符合要求的工作环境中。

2. 连接设备电源线插座、水罐加液体,放置脚踏开关在脚部能触及的位置。

3. 检查手柄和手柄线连接处电极柱是否潮湿,如果有潮湿迹象,将其吹干。

4. 将手柄插入手柄线连接处。

5. 安装所需要的工作尖。

6. 用上针器紧固工作尖(勿过度用力),以保证超声波最佳状态传导。

7. 打开开关控制按钮调整至所要求的功率。

8. 踩下脚踏开关,将水量调节旋钮按需调节,以喷出来的水呈水雾状为宜。

9. 使用结束后,关闭设备,断开电源和供水。

10. 取下手柄和工作尖,高温高压灭菌。

(三) 工作尖的种类及选择

1. 牙周龈上治疗工作尖

(1) A 尖:适用于去除龈上、龈沟浅部、邻面的牙石和色素。

(2) B 尖:适用于去除大块舌、颊面牙石。

2. 牙周龈下治疗工作尖

(1) P 尖:适用于进行邻面以及唇舌面龈下的清理。

(2) PS 尖:适用于邻面的龈下及根分叉清理。

3. 根管荡洗工作尖

4. 特殊治疗工作尖

(四) 技术故障与排除方法

超声波牙科治疗仪技术故障与排除方法详见表 6-11。

表 6-11　超声波牙科治疗仪技术故障及其排除方法

故障现象	故障原因	排除方法
无喷水	水喷嘴连接有缺陷或无水压	检查供水系统
	过滤器堵塞或电磁阀故障	清洁或更换过滤器、电磁阀
工作尖没有水但有振动	水量调节不正确	调整喷嘴水量大小
	工作尖选择错误	更换工作尖
	工作尖或根管锉阻塞	清除工作尖或根管锉的阻塞物
手柄与连线间漏水	封闭圈磨损	更换封闭圈

续表

故障现象	故障原因	排除方法
功率低	工作尖磨损	更换工作尖
	使用方法错误	调整施力角度及力度
	手柄连线之间有液体或湿气	干燥接触点
无超声波输出	工作尖不紧固	紧固工作尖
	手柄连线断裂	更换连线
机器不工作	电源插线板故障	检查电源插座
	手柄和连线之间存在液体或湿气	干燥湿气，特别要在电接点除去湿气，保持干燥
	保险丝熔断	更换保险丝

（五）维护与保养

1. 每天使用乙醇或消毒剂对主机、手柄连线、储液罐和多功能脚踏开关进行清理和消毒。

2. 应定期检查附件和接线是否有破损故障。破损时请及时更换。

3. 检查手柄连接器中是否有湿气。如果有，擦干水气并使用多功能三用喷枪吹干。

4. 使用结束后，关闭设备，断开电源和供水。

5. 定期检查工作尖的长度，磨耗达到标准刻度及时更换。

六、喷砂机

喷砂机主要利用高压气流，将喷砂粉喷射到牙齿表面，以达到清除牙齿表面色素，包括烟斑、茶垢等附着物，使其达到初步光洁，以满足患者需要。

（一）基本结构与工作原理

1. 基本结构 喷砂机由滤清器、调压阀、电磁阀、压力表、水加热器、喷嘴等部件组成：

（1）滤清器：滤去压缩空气中的水分、油污和杂质。

（2）调压阀：调整供喷砂用压缩空气的压力，压力调整范围为0.4~0.7MPa。

（3）电磁阀：控制压缩空气的输出。

（4）压力表：显示压缩空气的输出压力。

（5）水加热器：加热水流，输出温度合适的水。

（6）喷嘴：用于喷砂抛光，压缩空气带动砂粉，从喷嘴的小孔内高速喷出，打在牙齿表面进行抛光。

2. 工作原理 空气压缩机为喷砂机提供气源，经滤清器过滤，又经调压阀调节喷砂压力。接通电源，电磁阀工作，压缩空气从喷嘴喷出，并带动喷砂粉一起从喷嘴射出，对表面进行抛光。

（二）操作常规

1. 连接喷砂机水、电、气管路。

2. 检查砂罐内砂是否充足，如不充足，逆时针方向旋开砂罐上层瓶盖，进行添加，注意添加砂时不要超过瓶内上限刻度。

3. 连接喷砂手柄至喷砂机。

4. 打开电源开关,试踩脚踏,旋转手柄上的功率旋钮进行调节。

(三)技术故障与排除方法

喷砂机的技术故障及其排除方法详见表6-12。

表6-12　喷砂机的技术故障及其排除方法

故障现象	故障原因	排除方法
漏气	气源压力不足 气管连接头松动	检查气压 拧紧接头
喷砂无力	砂粒出现粉层或潮湿 喷嘴变形	更换砂罐内砂粒 更换喷嘴
无砂喷出	手柄堵塞	手柄内余砂结晶堵塞,用疏通管进行疏通
	电源开关故障	检查电源

(四)维护与保养

1. 因喷嘴内孔直径小,长期使用会磨损造成喷砂无力,效率降低,应及时更换。
2. 喷砂使用完毕后,按冲洗键进行余砂排出,以免管道内出现结晶堵塞。
3. 喷砂使用完毕后,将砂罐内的余砂清理出,砂罐内应保持干燥。
4. 喷砂机使用完毕后,应用消毒湿巾进行机器表面的擦拭消毒。

七、牙种植机

牙种植机是口腔种植修复工作中,适用于缺失牙齿患者的牙种植治疗,机内采用数字电路技术,采用此类牙种植机可最大限度地减少牙根周围牙槽骨细胞的损伤,达到最好的种牙效果。

(一)基本结构与工作原理

1. 基本结构　牙种植机主要由控制系统、动力系统、冷却系统三部分组成。

(1)控制系统:常见的控制键包括转速调节键(旋钮)、扭矩(一般在 $0\sim55N\cdot cm$)调节键(旋钮)、手机转向换向键(按钮)、冷却水输出调节键(旋钮)、脚控开关以及电源指示灯与电源开关。

(2)动力系统:动力系统主要由手机马达、种植手机构成。

1)手机马达:要求采用小体积、无级变速、高输出扭矩的专用马达,转速从 $100\sim4\,000r/min$ 连续可调,并在低速区有较高的扭矩输出。

2)种植手机:种植手机常常需要极低转速($<100r/min$)以保证高精度的预备种植床。种植专用手机备有多种减速比的手机,如 $1:1,2:1,8:1,16:1,20:1,32:1,64:1$ 等。

(3)冷却系统:种植机的冷却系统包括灭菌水源、蠕动泵、供水管道。

1)灭菌水源:灭菌水源多采用 500ml 的生理盐水,术前 4℃冷却以保证术区降温操作。

2)蠕动泵:蠕动泵驱动马达转速调节,可实现对输出水量的调节,一般流速可在 $30\sim150ml/min$ 自由调节。

3)管道与术区供水方式:冷却方式分为外冷却和内冷却,现临床医生联合使用两种冷却方式,可提高冷却效率,减少骨烧伤。

2. 工作原理 牙种植机通过调节手机转速,通过调节手机驱动马达的工作电流有限补偿输出扭矩。在低速区,通过采用不同减速比的手机获得低转速和高扭矩输出。通过改变蠕动泵驱动马达的转速调节冷却水输出量,以实现在生理允许的温度范围高精度地制备种植床。

(二)操作常规

1. 接通电源,连通水冷却系统。
2. 接电源→开关→Program 键→进入选择程序→(+):进下一程序;(-):返上一程序。
3. 选择恰当减速比的手机插入手机马达,调节手机减速比键,使显示的减速比与所选手机的减速比一致。
4. 根据不同的钻针选择合适的转速。
5. 调节手机输出扭矩达到预想状态。
6. 将 4~6℃的生理盐水提前冷却好,连接管线。
7. 装入选定的切削钻具。用脚控开关试踩,在口外试踩,一切正常后,方可将手机置入术区开始工作。
8. 关闭开关,拔下电源插头,拆除连接管、喷雾器等附件置于待处理区。

(三)技术故障与排除方法

牙种植机的技术故障及其排除方法详见表 6-13。

表 6-13 牙种植机的技术故障及其排除方法

故障现象	故障原因	排除方法
无冷却水	水源无水、输出管反向接入蠕动泵、蠕动泵不工作、管道堵塞、管道破裂	换水、重新连接输水管、检修蠕动泵、排堵或更换输水管道
马达过热	马达线圈组老化、润滑不良、输出力矩过大	手机加注清洁剂、润滑油,降低输出扭矩,维修不能纠正时应报废
转速不稳	参数设定错误	按照要求设定参数
	手机故障	检修或更换手机
	手机马达故障	检修或更换手机马达
	手机马达连接不良	重新连接或更换连接件
手机马达不工作	无电源	检查电源系统,排除故障
	扭矩设定不正确	重新设定输出力矩
	机械嵌顿	检查马达、手机、钻具的连接并调整,切削减少吃刀量或增大力矩

(四)维护与保养

1. 每次使用后仪器及其组件必须严格清洗、消毒并充分晾干保存在干燥、无尘的地方。
2. 定期检查喷雾器组件,并更换破损、变形、褪色组件。
3. 定期检查过滤器,如发现变色、被堵塞、潮湿,及时更换。
4. 切削钻具应与手机相匹配,避免高速大扭矩工作时损伤手机。

八、STA计算机控制局部麻醉系统

单颗牙齿麻醉（single tooth anesthesia，STA）是计算机控制的局部麻醉传送系统。STA系统设备先进，它可以简化各类麻醉注射，包括腭部和STA韧带内注射，STA提供的更安全的麻醉方式，令患者放心且感觉舒适、减轻疼痛感、减少了对注射麻醉药的恐惧感，特别适合用于儿童口腔和牙科恐惧患者。

（一）基本结构与工作原理

1. 基本结构 包括计算机控制主机、带有传输管的脚踏板、电源线、一次性手柄及针头。

（1）主机：主机上包括电源开关及电源指示灯、自动排气指示灯及调节按钮、STA模式指示灯及调节按钮、回吸指示灯及按钮、压力传感显示灯、音量调节按钮等。

（2）带有传输管的脚踏板：STA系统配备的脚踏板控制器是一种气动开关，在使用时始终确保脚踏板控制器软管牢固连接在设备上，避免漏气降低操作性。

（3）电源线：连接电源和机器，使其通电。

（4）一次性手柄及针头：一次性手柄及针头有各种型号，医生可以根据自己的操作习惯及注射要求选择不同的型号。

2. 工作原理 STA是由电脑智能控制、具备动态压力传感技术的局部麻醉传输系统。它结合动态压力传感技术，在药物管理的所有阶段，实时、恒定监测局麻药的输出压力。STA通过巡航控制，维持稳定、持续、慢速、适宜压力和体积的麻醉药物流量，使麻醉药物进入软组织的速度和被周围软组织吸收的速度相近，降低对局部组织的压力，从而避免了局部瞬时高压膨胀产生的疼痛。

（二）操作常规

1. 操作前应先向患者说明操作目的以及方式，交代患者如何配合，消除紧张情绪，取得患者的配合。

2. 将仪器安装好，包括后端的电源连接线，以及前端的启动脚踏，在安装气动脚踏时一定要旋紧，在漏气的情况下将降低操作性。

3. 插好电源，打开开关，开启驱动装置，设置好STA计算机控制局部麻醉系统操作程序。

4. 从无菌包装中取出STA配管及针头，按照无菌操作要求将针头连接在配管上。

5. 消毒麻醉药，并将药筒（有金属带环）的隔膜端滑入药筒盒内，将药稳固且完全推入药筒盒内，直到药筒盒内的穿刺针穿透了药筒的橡胶隔膜。

6. 将STA配管手柄折断至医生需要长度，以方便操作。

7. 将药筒盒的开口端插入装置顶部的药筒盒插槽内，并逆时针旋转1/4转。

8. 药筒盒与驱动装置连接好，系统进行自动排气后，医生可手持装好药筒的配管及针头，通过脚踏板控制给药。

9. 操作结束后，将药筒盒顺时针旋转1/4，取出配管及针头，丢弃至锐器盒内。

（三）技术故障与排除方法

STA计算机控制局部麻醉系统故障与排除方法详见表6-14。

表 6-14　STA 计算机控制局部麻醉系统故障与排除方法

故障现象	故障原因	排除方法
打开电源灯不亮	电源处于"关"的位置	将开关调到"开"的位置
	电源插口没电	更换有电的电源插口
	电源线没连接好	将电源线连接到位
回吸指示灯不亮	未进入回吸模式	重新设置
踩下脚踏控制器时,驱动装置停止运行或警告灯闪烁	计算机故障	开机重启 请专业人员维修
	活塞或 O 形圈安装不正确	正确安装活塞或 O 形圈
	活塞脏了	取出活塞,清洗、润滑后重新安装
	针头或药筒阻塞	更换针头
驱动装置对启动脚踏控制器没反应	脚踏控制器通气软管发生弯曲、被挤压或阻塞、破损	疏通或更换脚踏控制器的软管
	软管安装不牢固	连接好空气软管
麻醉剂流动不畅	检查穿刺针未完全穿透药筒	推动药筒使针头穿透药筒
	针头阻塞	更换针头
	配管与针头连接不牢固	将配管和针头衔接处旋紧,或更换配管和针头

（四）维护与保养

1. 清洁驱动装置　每次使用之后,应对装置进行消毒。用消毒湿纸巾擦拭或将消毒剂喷到软毛巾上,擦洗装置。不能直接将消毒剂喷到装置上。

2. O 形圈和活塞的消毒、更换、维护与润滑　定期取出活塞和 O 形圈组件检查,对活塞和 O 形圈进行消毒和维护。检查 O 形圈是否有开裂、磨损或缺少润滑油,并及时更换和润滑。

3. 药筒破损　在插入药筒或在操作期间损坏药筒,玻璃碎片未除尽会对活塞造成干扰,并导致活塞发生故障。应取出药筒盒和药筒,将装置倒置,除去任何玻璃碎片或液体,彻底清除活塞周围和装置内药筒盒底座内的所有玻璃碎片和液体。再次使用前先清洁并高压灭菌活塞,丢弃 O 形圈,更换新的。

> **知识拓展**
>
> **关于 STA 计算机控制局部麻醉系统**
>
> 1. **多药筒功能键**　当同一个患者需要注射多支麻醉药时,无须将针头从组织中拔出,可开启多药筒功能键,直接换药。
>
> 通常注射完一整支麻醉药时,活塞会自动回缩到底部(若活塞没有自动回缩,长按自动排气回缩按键,直至活塞回缩到底部),然后按亮多药筒功能键,取下麻醉药盒,取出用过的麻醉药后安装新麻醉药。整个操作过程须在 60s 内操作完毕。
>
> 2. 通过脚踏板可以调节 3 种给药速度:
>
> (1)缓速:可调节至 0.3ml/min 的药量流速,这个速度相当于人体血流速度,在疼痛

值以下，所以在缓速的给药过程是没有疼痛感的，可以做到舒适化治疗。特别适用于儿童口腔治疗。

（2）中速：1.7ml/min 的药量。

（3）快速：1.7ml/30s 的药量，这个速度非常快，一般只用于冲洗堵塞的针头，不建议给患者注射时使用。

思考题

1. 牙周压力探诊的目的是什么？
2. 牙周内镜主要由什么构成？
3. 根管长度测量仪显示屏刻度盘上的 1、2、3 表示什么？
4. 超声波牙科治疗仪的应用范围是什么？
5. 喷砂机使用结束后，罐内余砂应如何处理？

（陈　文　张　莉）

第七章

口腔颌面外科仪器设备的使用和维护

学习目标

1. 掌握高频电刀、骨动力系统、心电监护仪、注射泵、电动吸引器、压缩雾化吸入机的操作常规；高频电刀的工作原理。

2. 熟悉高频电刀、骨动力系统、心电监护仪、注射泵、电动吸引器、压缩雾化吸入机的基本结构、常见技术故障与排除方法以及维护和保养方法；超声骨刀、超声切割止血刀、电动手术床、麻醉机、无创呼吸机、除颤仪的操作常规。

3. 了解超声骨刀、超声切割止血刀、麻醉机、无创呼吸机、除颤仪的基本结构、常见技术故障与排除方法以及维护和保养方法。

口腔颌面外科仪器设备主要是在围手术期使用的仪器设备，护理人员应了解性能，加强使用管理，保证仪器设备的完好备用，确保患者安全。

◀ 第一节　口腔颌面外科手术使用仪器和设备 ▶

一、高频电刀

高频电刀是一种主要用于软组织切割及止血的电外科设备，操作简易，在外科手术中常常取代传统手术刀被广泛应用，见图7-1。

图7-1　高频电刀

（一）基本结构与工作模式

1. 高频电刀的基本结构包括主机、电源线、电刀手柄、负极连线、负极板、双极脚踏开关、单极脚踏开关。

2．工作模式包括单极及双极两种工作模式。

（1）单极模式：在单极模式中，通过主机内的高频发生器、负极板、负极连线及电刀手柄形成一电回路，电流通过电刀手柄穿过患者，再经负极连线及负极板返回主机的高频发生器，当机体组织与电刀头接触后，电能转换为热能，组织温度迅速上升使组织中的蛋白质变性，达到切割软组织或凝血的目的。

（2）双极模式：双极模式中电流回路仅限于双极手柄、两个尖端之间，当双极手柄与机体组织接触后，高频电流使两端之间的蛋白质变性，从而达到止血的目的。

（二）主要技术指标

1．高频电刀的双极模式下输出功率为 0～70W；纯切输出功率为 0～300W，混切模式输出功率为 0～200W。

2．单极电凝输出功率为 0～120W。负极板与患者身体之间电阻小于 5Ω 或大于 135Ω 时，负极板报警指示灯会发出闪烁红光，警报音鸣响两次，同时停止输出功率。

（三）操作常规

1．接通电源，功能自检。

2．选择程序

（1）根据手术及主刀医生要求选择不同的电切和电凝模式。

（2）根据手术部位、方式及患者年龄调节输出功率，功率选择为达到手术要求最小功率，颌面部手术输出功率一般不应超出 30W。

3．连接负极板，负极板放置应选择肌肉平坦、血管丰富处，如大腿、小腿内侧、腹部、上臂等位置，尽量靠近手术区，不选择消毒区、骨隆突处、多毛发处及背部、臀部等受压部位，保持干燥，避免术中冲洗液或血液等液体打湿负极板。如手术只需要双极模式时，可不连接负极板。

4．禁止患者身体直接接触金属物，以免灼伤患者。有心脏起搏器或金属植入物者一般不能使用，如手术需要必须使用，电流回路应避开心脏起搏器或金属植入物，每次使用时间尽量缩短。

5．术中暂停使用高频电刀时，须将电刀手柄置于远离手术野、与患者身体绝缘处。如术中遇可燃气体或液体，应避免或小心使用高频电刀。

（四）技术故障与排除方法

高频电刀的技术故障及其排除方法详见表 7-1。

表 7-1　高频电刀的技术故障及其排除方法

故障现象	故障原因	排除方法
开机后不能完成自检	软件或部件故障	重启电刀，如仍不能完成自检，启用备用电刀并及时报修
电刀没有输出	功率太低或电刀手柄损坏	增大功率输出值，如仍没有输出更换手柄
负极板指示报警灯报警	负极连线插头松脱或负极板与患者身体粘连不良	确认负极连线插头与主机紧密连接；检查负极板是否与患者皮肤紧密粘连；如仍然报警，更换负极板

（五）维护与保养

1. 使用前检查高频电刀性能是否良好，负极板是否与患者皮肤紧密粘连。

2. 严格执行操作流程，使用结束后先关闭电源并拔下插头，再用中性消毒剂对主机、负极板连线进行清洁消毒。

3. 电刀手柄未接触患者组织前不得输出功率，否则可能损坏手柄或主机。

二、超声骨刀

超声骨刀（图 7-2）是一种利用高强度超声聚焦原理进行骨手术的一种医疗器械，与传统骨动力系统相比，工作时能避免因误操作带来的软组织损伤，具有精度更高、安全性能更强的优势。

图 7-2　超声骨刀

（一）基本结构与工作原理

1. 基本结构　包括主机、电源线、脚踏开关、冲洗液支撑、手柄及各类刀头。

2. 工作原理　利用换能器将电能转化为机械能，刀头在超声振动中将接触到的骨组织破坏，从而达到使需切割的骨组织断裂分开的目的。超声骨刀工作时，由于刀头振动幅度被限定于一微小范围内及冲洗液的同步冷却作用，刀头超声振动产生的热能被局限于所接触的骨组织，因此不会对周围的软组织及神经造成损伤，在颌面外科尤其颌骨囊肿摘除、眶底骨折整复、颌骨修整等手术野狭小、手术精度要求高的手术中被广泛应用。

（二）主要技术指标

超声骨刀工作时刀头振幅为 40～200μm，工作频率为 25～35kHz，产生温度≤40℃，最大输出功率可达到 70W。

（三）操作常规

1. 将冲洗液支撑杆插入主机对应位置，挂上无菌冲洗液（最好选择不含矿物质的无菌注射用水，以避免液体中所含矿物质在手柄中结晶，堵塞管路）。

2. 将冲水管两头分别与冲洗液容器、手柄连接，并将冲水管安装于主机水泵处。

3. 根据手术及主刀医生要求，将相应规格的刀头安装于手柄上。

4. 连接脚踏开关与电源，打开主机开关。

5. 功能测试　洗手护士手持手柄，确认刀头向下，巡回护士按下测试按钮，测试循环结束时确认冲洗液从刀头流出，同时主机屏幕显示测试结果正常。

6. 选择手术所需工作程序，设备提供不同工作程序供手术医生选择，如上颌窦提升术、牙槽嵴劈开术、阻生牙拔除术、矢状截骨术、骨刮除等 10 种工作程序，也可根据手术医生的操作习惯及手术方式自设工作程序。使用中应将刀头刀刃与骨面贴合并垂直于骨面，使其能发挥最大的切割作用，不应长时间连续工作，以避免组织过热带来的损伤。

（四）技术故障与排除方法

超声骨刀的技术故障及其排除方法详见表 7-2。

表 7-2　超声骨刀的技术故障及其排除方法

故障现象	故障原因	排除方法
主机屏幕显示程序正常工作但手柄未工作	手柄或脚踏未连接 设备部件故障	确认手柄及脚踏连接良好 如手柄仍未工作，启用备用设备并及时报修
水泵不能正常运转	连接管开关关闭或安装错误 水泵盖未关严	确认连接管开关处于打开状态；检查连接管的安装是否正确；如仍不能正常运转，启用备用设备并报修 确认水泵盖已关上
主机屏幕显示程序正常工作但手柄无输出功率	刀头已磨损不能使用 手柄或连接线故障 设备部件故障	更换新刀头 确认手柄连接良好 若仍不能正常运转，更换备用设备并及时报修

（五）维护与保养

1. 每次使用前均应进行功能测试，确认设备功能正常方能进行使用。

2. 使用结束后均须清除手柄及刀头上的生物残余物。

3. 术后须用无菌注射用水清洗手柄内管路，以避免进入手柄内的血液凝结或手柄内产生结晶。

4. 手术结束后用含中性消毒剂的软布擦拭清洁消毒主机、手柄、电源线、支撑杆及脚踏开关，不可将消毒剂直接溅洒在仪器上，以防消毒剂渗入主机内部，导致功能异常或设备故障。

三、骨动力系统

骨动力系统（图 7-3）是一种用于对人体骨骼进行切割、钻孔、扩孔及修整打磨的电外科设备。

（一）基本结构与工作原理

1. **基本结构**　包括主机、电源线、无级变速脚踏开关、手柄连线（分为不带马达的软轴及带马达的电机线）、各类手柄以及与手柄配套使用的钻针、磨头、锯片。

（1）手柄：根据功能不同又可分为骨科电钻、往复锯手柄、矢状锯手柄、摇摆锯手柄等。

（2）钻针、磨头、锯片：钻针安装于电钻手柄上，主要用于骨骼钻孔；磨头安装于电钻

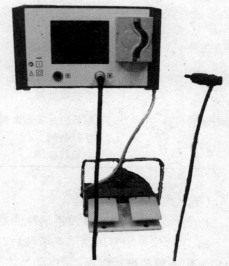

图 7-3　骨动力系统

手柄上,用于打磨及修整骨骼;锯片安装于电锯手柄上,用于切割及分离骨骼。

2. 工作原理 将电流动力通过马达驱动,带动手柄上的钻针锯片等装置高速运动,使其刮削骨面,达到对骨骼进行切割、钻孔、打磨等目的。骨动力系统的优势在于动力强劲,可快速分离骨组织,适用于颌骨切除、颌骨劈开术等颌面外科手术。

（二）主要技术指标

骨动力系统的手柄最大转速根据品牌及机头型号不同而有所差异,以电钻为例,不同品牌设备最大转速可达 32 000～90 000r/min,因此使用时应严格按照设备使用说明。由于钻针锯片的高速运动可在骨面组织快速产热,使用时应进行同步冲洗以避免骨组织升温过快而产生不必要的损伤,同时每工作一段时间即应暂停使用,待手柄自然降温。

（三）操作常规

1. 连接电源线和脚踏,将脚踏放置于操作者脚旁,打开电源。

2. 连接手柄连线,根据手术需要选择机头手柄,安装钻针或锯片,调节输出功率。

3. 连接机头手柄,在安全区试用机头手柄,试用无异常后方可使用。

4. 使用过程中电机线不可折叠,手柄不得进水。

5. 术中动力系统暂停使用时应将手柄置于安全区,防止有人误踩脚踏开关从而误伤手术人员或患者,术中更换钻针锯片时应将手柄与电机线断开后方可进行操作。

6. 手术医生可通过控制踩踏脚踏开关时的力度大小来调节手柄转速。

7. 使用结束后须先关闭电源后再断开各类连线。

（四）技术故障与排除方法

骨动力系统的技术故障及其排除方法详见表7-3。

表7-3 骨动力系统的技术故障及其排除方法

故障现象	故障原因	排除方法
钻针或锯片不动	连接松脱或钻针锯片安装未到位 手柄故障 电机线故障 主机配件故障	确认各部件连接正确 更换手柄 更换电机线 启用备用设备并及时报修
手柄发热	连续运转时间过长 转速过大 钻针或锯片钝刃 电机线故障	暂停工作 调低输出功率 更换钻针锯片 更换电机线
钻针锯片抖动	钻针锯片安装未到位 手柄故障 电机线故障	确认钻针锯片安装正确 更换手柄 更换电机线

（五）维护与保养

1. 手术前应检查设备及手柄性能是否良好。

2. 手柄保养用专用清洁剂清洗后,前端向下在流动水下进行冲洗,避免手柄内部进水,再用专用保养油进行保养,带电动马达的手柄内部禁止进水进油。

3. 手术结束后用中性消毒剂清洁消毒主机、电机线及脚踏开关。

四、超声切割止血刀

超声切割止血刀（图 7-4）是一种用于软组织切割并止血,避免热损伤的外科电设备,在外科手术中常常替代高频电刀。多功能超声刀可同时具备高频电刀及双极电凝的功能。

图 7-4 超声切割止血刀

（一）基本结构与工作原理

1. 基本结构 主要包括主机、电源线、换能器、超声切割止血脚踏开关、超声刀头,多功能超声切割止血刀还配有单极脚踏开关（实现高频电刀功能,使用时须连接负极板及高频电刀手柄）及双极脚踏开关（实现双极电凝功能）。

2. 工作原理 通过换能器,将高频电流转换为机械能,使超声刀头的刀刃以超声频率进行高频振动,从而使与刀刃接触的组织内水分迅速气化、蛋白质氢链断裂、凝固变性及封闭脉管,并在刀刃的机械夹持压力下被分离,达到切割组织并凝血的目的。超声切割止血刀使用时无电流通过人体,不会造成患者回路损伤,可安全用于有心脏起搏器或金属植入物的患者,提高了手术安全性;切割止血时极少产生烟雾及焦痂,使术野清晰,缩短手术时间,因此在外科手术中的应用越来越被广大外科医生所接受。

（二）主要技术指标

超声切割止血刀切割与凝血能量输出级别由低到高均为 1～3 级,使用过程中刀刃为高频振动,振幅约 80μm,频率为 55 000Hz,连续工作时产生的温度可超过 200℃。

（三）操作常规

1. 连接换能器。

2. 连接超声刀头,连接超声刀头时刀头应垂直向上。

3. 超声刀头功能自检将主机电源打开,主机自检结束后将刀刃打开,将其浸入盛有0.9% 氯化钠溶液的容器内,注意刀刃不可接触到容器,按刀头手动开关或使用脚踏开关进行高频输出,确认能正常工作后将其从 0.9% 氯化钠溶液中取出,用干燥的无菌敷料将刀头上残余的水分擦干。

4. 选择输出功率,使用过程中刀刃不得接触金属,禁止在不抓取组织情况下使用刀头,禁止在血液中使用刀头。

5. 刀头连续工作时刀刃温度可超过 200℃,操作杆尾部温度也可达到 60℃,因此禁止手术人员用手直接接触操作杆,暂停使用时应将刀头脱离手术野,防止烫伤患者。

6. 手术结束须先将换能器与主机分离断开,再拆卸刀头。

（四）技术故障与排除方法

超声切割止血刀的技术故障及其排除方法详见表 7-4。

表 7-4 超声切割止血刀的技术故障及其排除方法

故障现象	故障原因	排除方法
无法产生能量输出	换能器或超声刀头功能异常	确认换能器及刀头连接正确;确认电源正常;更换换能器,若仍然无输出应更换超声刀头
显示报错代码	设备软件或配件故障	重启设备,若显示报错代码,启用备用设备并及时报修

（五）维护与保养

1. 使用结束后用含中性消毒剂的软布擦拭、清洁、消毒主机、换能器、负极连线及脚踏开关,不可将消毒剂直接溅洒在仪器上,以防消毒剂通过通风口渗入主机内部,导致功能异常或设备故障。

2. 每次超声刀头暂停使用时均应及时清洁,避免刀刃上的血液凝结。

3. 刀刃用软布擦拭,以免损伤刀刃。

五、电动手术床

电动手术床(图 7-5)是外科手术中不可或缺的设备,通过调节手术床高度、倾斜度、背板、头板、肩部、脚板高度及角度,从而调节安置于手术床上的患者体位并充分暴露手术野,以达到手术操作的要求并便于麻醉医生进行观察。

图 7-5 电动手术床

（一）基本结构与工作原理

1. **基本结构** 主要由台面、升降柱、底座、床垫、电源线及手按控制板组成,其中台面可分为 4 段,即头板、背板、臀板及腿板。根据不同手术体位的要求,手术床可选配麻醉架、托手架、托头架、踏足板等各类附件。

2. **工作原理** 以电动液压为动力,由手按调节板、调速阀及电磁阀组成主体的控制结构,通过手术床内电动液压泵提供液压动力,控制各个液压缸运动,并通过手按控制板按键调节手术床进行各种位置的变换,如手术床整体升降、左右倾斜、前后倾斜、背板上下折等,从而达到改变患者体位、暴露术野、方便手术医生操作的目的。

(二)主要技术指标

1. 台面面积 2 000mm×480mm;高度 680～1 100mm。

2. 全台面前后倾斜≤25°,左右倾斜≤20°。

3. 头板上折≤45°、下折≤90°,头板承重最大 25kg。

4. 背板面与台面夹角上折≤90°、下折≤40°。

5. 腿板上折≤20°、下折≤90°。单个腿板最大承重 30kg。

(三)操作常规

1. 将手术床置于合适的位置,一般为手术无影灯正下方,接通电源,按锁定键或踩下刹车踏板固定手术床,释放底座刹车时勿将脚放于底座下。

2. 根据手术体位要求安装附件。

3. 根据手术需要调节手术床高度、倾斜度、背板、头板、肩部腿板高度及角度,完成手术床调节后要确保手术床处于锁定状态。

4. 患者皮肤不得接触手术床金属部分,防止使用电刀时造成旁路灼伤,勿让患者坐在头板、手臂板和腿板之上。

5. 手按控制板不使用时应挂在手术床侧面钢轨上。

(四)技术故障与排除方法

电动手术床的技术故障及其排除方法详见表 7-5。

表 7-5　电动手术床的技术故障及其排除方法

故障现象	故障原因	排除方法
无法开启手术床	没有外接电源,且蓄电池未充电 手术床底座上的电源开关未开启	连接外部电源同时为蓄电池充电 确认底座上电源开关开启
手按控制板上的电池指示灯闪烁	蓄电池电量不足	接上外部电源,为蓄电池充电

(五)维护与保养

1. 手术结束后应及时将手术床恢复平衡位置。

2. 清洁消毒手术床前必须拔除电源,使用中性消毒剂进行清洁消毒。

3. 定期充电,电动手术床内部蓄电池每次充电时间为 8h,为能保证手术床正常工作,可在每天夜间给手术床充电。充电结束后及时断开电源,以免缩短蓄电池寿命。

◀ 第二节　口腔颌面外科病房使用仪器和设备 ▶

口腔颌面外科病房仪器和设备主要用于口腔颌面外科患者的监测、治疗等操作,以确保患者在手术前、中、后的生命安全。

一、心电监护仪

心电监护仪(图 7-6)是医院实用的精密医学仪器。能实时、连续、动态地同时监测患者的心电图形、血压、血氧饱和度、呼吸、脉搏、体温等生理参数。该设备具有心电信息的采集、存储、智能分析预警等功能，为临床的诊断和治疗提供重要的依据。

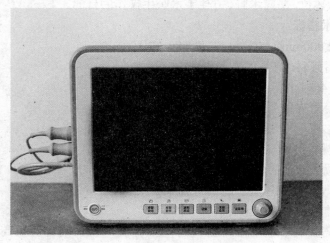

图 7-6　心电监护仪

（一）基本结构与工作原理

　　口腔颌面外科患者一般使用多参数心电监护仪。通过各种功能模块，实时检测人体的心电信号、心率、血氧饱和度、血压、呼吸频率和体温等重要参数，为医学临床诊断提供重要的患者信息，实现对各参数的监督报警。在转运患者时使用便携式监护仪。

　　1. 基本结构

　　（1）电源部分

　　1）电源板：电源板把交流电转化成 12V 的电压，为主控部分、测量部分、显示屏以及记录仪等供电。

　　2）背光板：也称逆变器，为显示屏提供背光。

　　3）电池：也叫备用电源，它为主控板在交流电断电时正常提供 12V 电压。

　　4）风扇：为电源提供散热功能。

　　（2）主控板

　　1）ECG/RESP/TEMP 模块：分别是心电图、呼吸、体温。

　　2）血氧模块：SpO_2 板。

　　3）血压模块：泵板 + 泵 + 连接板。

　　4）IBP：有创压模块。

　　5）二氧化碳模块：CO_2 板 + 吸入导管 + 排出导管。

　　2. 工作原理　通过感应系统如热敏电阻、电极、压力传感器、探头等接收来自患者的各种信息，经过导线输入到换能系统并放大，经进一步计算和分析，最后显示到监护仪屏幕上。

（二）主要技术指标

　　1. 电源　兼具交流供电（220V，50Hz）和内部蓄电池供电。蓄电池工作时间≥3h。

　　2. 显示要求　≥10.4 寸，彩色高分辨显示，中文/英文操作界面，可选标准或大字体简明界面。

3. **血氧**　具备波形和数字显示,测量范围为1%~100%。

(三)操作常规

1. 核对、解释。

2. 拉隔帘,注意保护隐私。

3. 连接电源,开机,机器自检。

4. 取酒精棉球清洁皮肤,并正确安置电极片(RA:右锁骨中线下第2肋间;LA:左锁骨中线下第2肋间;LL:左下腹)。避开伤口和敷料,连接导线。

5. 检查指脉氧传感器,将 SpO_2 指套放置于患者示指上(不与测量血压的手臂在同一肢体上,以免影响测量结果)。血氧探头放置位置不能有任何染色物、污垢或是灰指甲。

6. 触摸肱动脉搏动,肘窝上2~3cm处连接血压袖带,测量血压。

7. 调节各监护参数的报警值。报警值调节为患者基础生命体征的上、下限20%~30%。

8. 观察监护屏各参数,并记录。

9. 指导患者及家属不能随意调节心电监护仪;不能在心电监护仪旁打电话,以免干扰监测波形。

(四)技术故障与排除方法

多参数心电监护仪的技术故障与排除方法详见表7-6。

表7-6　多参数心电监护仪的技术故障与排除方法

故障现象	故障原因	排除方法
血压不能测量	血压充气泵损坏或断线	检查充气泵和与之相关的线路
	血压测量模块电路板损坏或接触不良	清洁相关的线路板并插紧、插好;更换血压测量模块电路板
测量值不正确	血压放气阀太快	更换袖带及连接头
	测量时有干扰	测量前或测量时保持安静;身体应平卧,袖带处于心脏水平后再进行测量
无血氧数值	延长线和插座等接口部位接触不良	重新拿一只血氧探头重新夹好

(五)维护与保养

1. **心电监护仪的维护与保养**　监护仪放置在固定位置,通风,避免阳光直射。每天对心电监护仪进行测试并做好记录。每天做好清洁。心电导联线不能弯曲过度,防止导联线断裂,血氧饱和度探头避免硬物磕碰。

(1)清洁:仪器应经常保持清洁。由于血压袖带长时间捆在患者身上,需要定期进行清洁,除去袖带上的异味,特别是一些出血呕吐的患者。

(2)防潮:定期开机检查,经常及时更换干燥剂。长期不用时应定期开机通电以驱赶潮气,达到防潮的目的。

2. **防热**　监护仪一般都要求工作和存放环境适当,温度波动较小,因此一般最好都配置温度调节器。通常温度以保持在20~25℃最为适宜,另外要求远离热源如红外线治疗仪等,避免阳光直接照射。

3. **防振**　振动不仅会影响监护仪的性能和测量结果,还会造成某些精密元件损坏,因此要求把仪器安放在远离振源的工作台或减振台上。

4. **防蚀** 在仪器的使用过程中及存放时,应避免接触酸、碱等腐蚀性气体和液体。

二、注射泵

由静脉途径注入机体的临床药物,如果给药量要求非常准确、总量很小,给药速度需缓慢或长时间恒定的情况下,则应当使用注射泵(图7-7)。

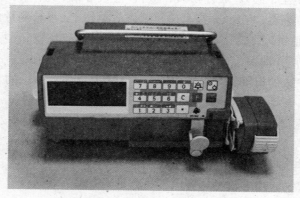

图7-7 注射泵

(一)基本结构与工作原理

1. **基本结构** 注射泵由步进电机及其驱动器、丝杆和支架等构成,具有往复移动的丝杆、螺母,因此也称为丝杆泵。

2. **工作原理** 螺母与注射器的活塞相连,注射器里盛放药液。工作时,单片机系统发出控制脉冲使步进电机旋转,而步进电机带动丝杆将旋转运动变成直线运动,推动注射器的活塞进行注射输液,把注射器的药液注入人体。通过设计螺杆的旋转速度,即可调整其对注射针栓的推进速度,从而调整所给的药物剂量(给药速度为0.1～99.9ml/h)。

(二)主要技术指标

1. **交流供电** 100～240V,50/60Hz。

2. **最大功率消耗** 25V,电池充电后可工作4h以上。

3. **注射精度** ±5%(机械精度±2%)。

4. **阻塞值** 40～160kPa。

(三)操作常规

1. 选定某一品牌的注射器(20ml或50ml),抽取药液后固定在注射泵的注射器固定槽里。

2. 打开电源开关,自动识别注射器,显示注射器型号并按"确认"键。

3. 按住"确认"键不放,同时按住"BOL"键排气。

4. 按"ml/h"和按数字键输入所需给药速度,按"确认"键输入。

5. 按"Start"键开始给药。

6. 注射结束后,停止运行,取下注射器,关闭总开关。

7. 转运患者时,应将背部固定卡槽与床栏连接,固定稳妥。

（四）技术故障与排除方法

注射泵的技术故障与排除方法详见表 7-7。

表 7-7　注射泵的技术故障与排除方法

故障现象	故障原因	排除方法
出现电池符号	泵中的普通碱性电池电量耗尽	更换 4 节 5 号电池
压力报警	针头或管道有阻塞或脱落；仪器故障	更换针头或管道；仪器本身故障则需维修

（五）维护与保养

1．首次使用或长时间不用后再次使用时，要将泵与交流电连接，充电至少 12h。

2．每个月一次定期进行电池充、放电。

3．每周定期用软布擦拭外壳、管路空气控制器、速度传感器接口等，沾有污物时随时清洁。

4．未使用时，存放在阴凉干燥处，避免震动。

5．专人保管，定点放置，做好检查、保洁、维修记录。

三、电动吸引器

电动吸引器（图 7-8）用于手术后和急救时抽吸患者的分泌物等。电动吸引器由于使用电能作为动力源，因此具有功率大、吸力强、应用范围广、移动性好等特点。

图 7-8　电动吸引器

（一）基本结构与工作原理

1．**基本结构**　包括机座、电动机、真空泵、安全阀、（带过滤器）真空表、脚开关、吸引容器等部件。

2．**工作原理**　接通电源后马达带动偏心轮，从吸气孔吸出瓶内空气，并由排气孔排出，不断循环转动，使瓶内产生负压，将痰液吸出。

（二）主要技术指标

1．电源　220V±10%。

2．噪声　≤60dB。

3．极限负压值　≥0.09MPa。

4. 抽气功率　≥20L/min。

5. 电机功率　120V。

6. 贮液瓶　2 500ml/个。

7. 吸引泵　活塞泵。

（三）操作常规

1. 接通电源，顺时针方向旋紧负压调节阀，检查吸引器性能。

2. 核对，向患者和家属做好解释。

3. 患者头转向操作者。

4. 取出吸痰管，试吸。

5. 将吸痰管以零负压状态从患者口腔或鼻腔插入至咽喉。

6. 左右旋转，向上提出，吸引痰液。

7. 吸痰结束，协助患者取舒适体位，拔除电源，清洗并消毒负压引流瓶及连接管路。

（四）常见技术故障与排除方法

电动吸引器的技术故障与排除方法详见表7-8。

表7-8　电动吸引器的技术故障与排除方法

故障现象	故障原因	排除方法
吸引管不畅	吸引管堵塞	1. 及时吸水冲洗吸引管 2. 更换吸引管
痰液逆流	吸引容器内液体过多	及时倾倒引流瓶内液体
压力过小	管路连接不紧密	1. 检查管路连接是否严密 2. 更换电动吸引器给予吸痰

（五）维护与保养

1. 停止使用时，清洁、浸泡消毒储液瓶及橡胶管，干燥备用。

2. 避免液体进入泵体，损坏机器。

3. 使用结束后，关机前一定要先让负压降低至 0.02MPa 以下。

4. 使用中要经常注意储液瓶中的液位高度，及时倒空清理。

5. 设备不使用时应放在干燥、清洁的地方，定期（一般情况下为半年）开机运转一次。

6. 如果空气过滤器吸入泡沫或塞满尘埃，将导致滤膜由浅变黑，吸力明显减小或消失，真空表上负压不断上升至 0.04MPa 以上，应及时替换空气过滤器。

四、压缩雾化吸入机

压缩雾化吸入机（图 7-9）作为医用雾化器，主要用于治疗各种上、下呼吸系统疾病；采用雾化器将药液雾化成微小颗粒，药物通过呼吸吸入的方式进入呼吸道和肺部沉积，从而达到无痛、迅速有效治疗的目的。

（一）基本结构与工作原理

1. **基本结构**　由压缩机、电源线、雾化连接导管、雾化口含嘴组成。

2. **工作原理**　压缩雾化吸入机是根据文丘里喷射原理，利用压缩空气通过细小管口形成高速气流,产生的负压带动液体或其他流体一起喷射到阻挡物上,在高速撞击下向周围飞溅,使液滴变成雾状微粒从出气管喷出。

图 7-9 压缩雾化吸入机

(二)主要技术指标

1. 超声振荡频率 雾化器超声工作频率与标准频率偏差≤±10%。

2. 雾化水槽内温度≤60%。

3. 雾化器正常工作时的整机噪声≤50dB。

(三)操作常规

1. 核对,向患者及家属做好解释。

2. 协助患者取半坐卧位,颌下放治疗巾。

3. 将雾化连接导管一端与压缩机相连,另一端接雾化口含嘴或面罩,将药液放入雾化罐内。

4. 接通电源,打开开关。

5. 将口含嘴放入患者口中,或面罩放在口鼻部。

6. 指导患者均匀做深呼吸。

7. 治疗完毕,取开口含嘴或面罩,关闭电源开关。

8. 协助患者擦干面部及颈部,取舒适卧位。

(四)常见技术故障与排除方法

压缩雾化吸入机的技术故障与排除方法详见表7-9。

表 7-9 压缩雾化吸入机技术故障与排除方法

故障现象	故障原因	排除方法
活塞片磨损	使用频率高,连续工作负荷大	合理配置雾化机型和活塞片数量
汽缸断裂、风扇断裂	高处跌落	机器放于平面,防止跌落
保险丝烧坏	未使用原装电源线	使用原装电源线,防止电源接头沾水
电源和电源线损坏	短路烧坏电源线插座	防止短路

（五）维护与保养

1. 停机之后，拔下气导管，拆下喷嘴。

2. 旋下雾化杯盖，倒空雾化杯内残余药液。

3. 将气导管、喷嘴、雾化杯盖、雾化杯、波纹管、T形管等用纯净水冲洗或浸没在温水中 15min 左右。为了清洗更加卫生，可在水中加入适量醋。

4. 注意不可煮洗或是沸水清洗以上的附件，以防受热变形。

5. 清洗完毕之后，须待所有的附件晾干之后再存放。

◀ 第三节　口腔颌面外科其他设备 ▶

一、麻醉机

麻醉机（图 7-10）是麻醉医生日常工作必不可少的机器设备。全身麻醉更是离不开麻醉机。

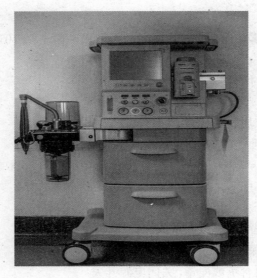

图 7-10　麻醉机

（一）基本结构与工作原理

1. 基本结构　包括如下几部分：

（1）气源和供气系统：气源包括氧气、氧化亚氮、空气。供气装置包括压缩气筒，中心供气系统。

（2）蒸发器：能将液态的挥发性麻醉药转变成蒸气。

（3）麻醉呼吸回路：根据麻醉系统中新鲜气体容量和患者呼吸容量，机器自动处于紧闭系统，半紧闭系统，半开放系统，开放系统。

（4）风箱：机控时将回路内的气体输送给患者。

（5）流量计：可测定及指示通过它的气体流量。

（6）监测及安全保障系统：监测各项生命体征及 CO_2 和麻醉气体。

2．**工作原理**　麻醉机是通过机械回路为患者提供准确的、成分可变的混合性麻醉气体，将麻醉药送入患者的肺泡，形成麻醉药气体分压，弥散到血液后，对中枢神经系统直接发生抑制作用，从而产生全身麻醉的效果。

（二）主要技术指标

1．操作环境　温度 10～40℃，相对湿度 15%～95%。

2．电源　220V（≥±10%），50Hz（≥±2%），后备电池使用时间：120min。

3．机架　带工作台侧栏杆推车，两个抽屉。

4．适合内镜手术模式　具备顶光灯，能够在黑暗环境中提供麻醉机工作台面照明。

5．氧气、氧化亚氮两气源　氧气，具备安全保护装置，在供氧压低于 200kPa 时报警。具备机械的氧气、氧化亚氮保护装置，不受停电影响，保证任何流量下氧浓度不低于 25%，快速充氧范围 25～75L/min。

6．机械的氧气、氧化亚氮具备安全的保护装置后备机械总流量计。

（三）操作常规

1．检查气源、电源是否接好。

2．检查氧压是否正常、钠石灰变色情况及挥发罐吸入药是否足够。

3．检查流量表旋钮。

4．开机，机器自检通过。

5．正确连接回路部件并检漏。手控状态下，新鲜气体流量调到 0.12L/min，并快速充气至 0.002 5～0.003MPa，15s 压力不下降。

6．选定呼吸模式 MAN 或 IPPV 模式，并把 APL 阀开关调节到相应位置。

7．MAN 手动时根据患者情况设置合适的 APL 值。

8．IPPV 机控模式根据患者情况正确设置潮气量等相关参数。

9．设置相应的报警限制。

10．连接患者，监测机器运行情况，并做好相关记录。

11．手术完成后待机后关机，并断开电源和气源。

（四）常见技术故障与排除方法

麻醉机的技术故障与排除方法详见表 7-10。

表 7-10　麻醉机的技术故障与排除方法

故障现象	故障原因	排除方法
低压报警	螺纹管脱落、破损、裂缝 CO_2 吸收罐漏气	使用一次性呼吸回路 供氧系统压力应大于 0.2MPa
麻醉呼吸机工作失常	电源未接 转换开关未开至机控档	使用前接通电源 根据患者情况设定呼吸参数
气道压力上限报警	呼吸回路不通畅 患者气道阻塞	呼吸回路避免压在床垫下 检查呼吸道状态

（五）维护与保养

1．每天清洁外部表面。

2．每两周排空蒸发罐并丢弃麻醉药。

3．每个月用 100% 氧浓度校准（呼吸回路的氧传感器）。

4．每隔 1 年更换蒸发罐端口上的外部 O 形胶圈。

5．呼吸回路系统需在清洁、干燥的环境下保存，远离光和热。避免接触金属、有机溶剂、油或油脂以及强清洁剂。

6．呼吸回路的清洁在高温高压消毒之前先去除有机物质和消毒残留化学物品。蒸汽高温高压条件下，最高推荐温度为 134℃，时间不超过 20min。可在每位患者使用前进行或根据实际使用情况，必要时增加消毒次数。

二、无创呼吸机

无创呼吸机（图 7-11）又称持续气道正压给氧，是一种人工的机械通气装置，用于辅助或控制患者的自主呼吸运动，以达到肺内气体交换的功能，降低人体的消耗，以利于呼吸功能的恢复。

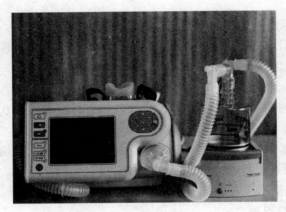

图 7-11 无创呼吸机

（一）基本结构与工作原理

1. 基本结构 包括如下几部分：

（1）限压阀：是确保气体以一定压力输出的气体限压装置。

（2）湿化器：装有恒温水，气体可以进出的恒温装置。

（3）气道阻力表：用于指示呼吸道阻力大小的装置。

（4）呼吸阀：利用气动的办法，驱动两个活瓣，实现呼气、吸气、负气压 3 个信号通过时的有机组合装置。

2. 工作原理 吸气时呼吸机通过一定的高压力把空气压进人的肺部，呼气时机器给予较低的压力使人把 CO_2 由口或鼻从面罩上面的排气孔排出体外，来完成一次呼吸。

（二）主要技术指标

1. 初始参数调节设置 从 CPAP（持续气道正压通气，0.4～0.5kPa）或低压力水平（吸气压 0.6～0.8kPa）开始，经过 5～20min 逐渐增加到合适的治疗水平。最大值不宜超过 2.45kPa，以免超过食管下端贲门括约肌张力而引起胃肠胀气。

2. 整个无创正压通气治疗过程需要根据患者的病情变化随时调整通气参数。最终以达到缓解气促，减慢呼吸频率，增加潮气量和改善动脉血气的目标。

（三）操作常规

1. 评估患者状况，协助患者取半卧位，必要时协助排痰。

2. 连接电源、氧源。

3. 呼吸机内湿化罐注湿化液（湿化液为无菌蒸馏水），24h 不少于 250ml，安置湿化罐。

4. 将鼻罩/面罩，头带及呼吸机管路与呼吸机相连。

5. 启动呼吸机。

6. 调整呼吸机各工作参数。

7. 固定鼻罩/面罩，指导患者有效的呼吸技巧。

8. 观察病情，调整参数。

9. 洗手后再次查对，并做好签字与记录。

（四）常见技术故障与排除方法

无创呼吸机的技术故障与排除方法详见表 7-11。

表 7-11 无创呼吸机的技术故障与排除方法

故障现象	故障原因	排除方法
漏气	1. 面罩型号不适合患者脸型	更换合适的面罩
	2. 面罩固定不稳、移位	重新固定面罩
	3. 管路断开	连接管路
患者不耐受	1. 压力设置太低或者太高	重新设置压力
	2. 湿化器温度太高	调节湿化器温度
人机不同步	1. 患者因素	
	（1）呼吸过快	放慢呼吸，练习腹式呼吸
	（2）纠正低氧血症	提高 FiO_2，提高 IPAP 或 EPAP
	（3）气道阻力过高	排痰、解痉剂
	2. 呼吸机因素	
	（1）漏气过多	排除漏气
	（2）参数设置不合理	重新设置参数
	（3）触发灵敏度不合适	重新设置灵敏度
排痰障碍	痰液堵塞	鼓励患者主动排痰，协助患者咳痰
		翻身拍背促进痰液引流
		雾化吸入利于痰液咳出
		振动机排痰

（五）维护与保养

1. 取下管路，用含中性清洗剂的温水清洗管路后，挂在清洁、干燥处。避免阳光直射，否则时间长会导致管路硬化、干裂。

2. 按照面罩清洗说明清洗面罩。

3. 面罩及管路每天都要检查是否有破损。

4. 定期用湿布及中性清洗剂擦洗机器外部。

5. 每个月检查一次滤膜是否被脏物堵塞或出现漏孔，如果滤膜脏了，就应该及时更换滤膜，防止呼吸机送出的空气不足。正常使用情况下，滤膜每半年更换一次，不要用水清洗滤膜,滤膜不可重复使用。

6. 每年更换一次压力传感适配器。

三、除颤仪

(一)基本结构与工作原理

1. 基本结构 除颤仪是由除颤充电、除颤放电、电源及其控制电路组成(图7-12)。

2. 工作原理 除颤仪是在极短时间内给心脏通以强电流,可使所有心脏自律细胞在瞬间同时除极化,心律转复为窦性。

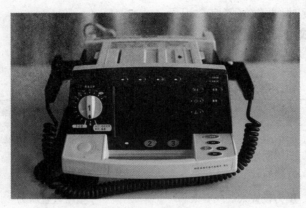

图 7-12 除颤仪

(二)主要技术指标

1. 交流电源 100~240V,50/60Hz。

2. 可拆卸的铝酸电池 12V,2A。

3. 可续航 3.5h 或 100 次最大能量电击的电池。

4. 4h 充电至 80% 电量,5h 充满。

5. 充电到最大能量时间≤10s。

6. 心率触发报警时间≤4s。

(三)操作常规

1. 判断患者心电图为室颤。

2. 患者平卧,充分暴露胸部,检查准备除颤部位。

3. 涂抹导电糊,选择能量,非同步模式。

4. 充电。

5. 电极板分别用力压在左腋前线第 5~6 肋间、右锁骨中线第 2 肋间,压力 8~10kPa。

6. 确认清场后放电;立即胸外心脏按压 30 次。

7. 判断患者心率,未恢复者继续除颤,并增加能量。

8. 抢救结束记录,处理用物。

(四)常见技术故障与排除方法

除颤仪的技术故障与排除方法详见表 7-12。

表7-12 除颤仪的技术故障与排除方法

故障现象	故障原因	排除方法
低电压	低电压电源或电池问题	接交流电或立即充电
监视器只显示一条直线、无ECG显示	电极与人体接触不良 心电图设置不正确 导线有断点 监视器电路故障	重新安放电极 重新设置心电图 更换导线 工程师维修
无法除颤	高压充放电电路障碍或储能元件问题	工程师维修
电磁干扰		尽早找出干扰源,解除干扰

（五）维护与保养

1. 设专人维护和保养除颤仪。

2. 电极板的清洁 电极板平时应置于卡槽中,每次使用结束之后都要及时对其进行清洁与擦拭。清洁与擦拭通过以下3个步骤完成:

（1）检查仪器是否关闭。

（2）沿逆时针方向旋下金属电极板,用湿润的抹布擦净电极板。

（3）干燥后,重新旋紧电极板,可靠地置于卡槽中。在对电极板执行清洁与擦拭时,应注意不要损伤电极板。

3. 注意每次使用除颤仪手柄后对手柄的清洁。

4. 电池需要日常或定期的维护与保养。将电源线插头插入交流电插座,即为除颤仪电池充电。

5. 严禁将除颤仪的任一部分浸入液体中。严禁使用粗糙物品擦拭显示屏,严禁高压消毒。

6. 检查所有电缆、接头是否良好,电缆有无划伤、磨损、缠绕、打死结。

7. 除颤仪上禁止放置任何物品。

知识拓展

投影式红外血管成像仪

投影式红外血管成像仪是一种能够实时显示静脉的粗细、走行和布局的显示设备,用于帮助医护人员寻找静脉,同时能够实现无创、无核医学辐射（X线、伽马射线等）的特点,减少了特定患者的痛苦以及医患纠纷。适用于静脉难以查找的肥胖者、婴幼儿、老年人、水肿患者、肾炎患者及其他相关人群。也可用于皮下出血观察、静脉曲张等静脉病变评估。

仪器由红外光源发生器、滤光系统、CCD感光芯片、图像信号处理模块和显示器组成。红外光源波长为960～980nm。血管显像仪是根据血红蛋白对红外光吸收能力强的原理设计而成。氧合血红蛋白以及去氧血红蛋白相对于其他组织,吸收红外光的能力较强,故通过能够感知反射的红外光强弱,同时经过一系列信号处理,即可在显示器上显示血管的走行。

思考题

1. 简述心电监护仪的操作常规。
2. 简述电动吸引器的操作常规。
3. 简述高频电刀的工作原理。
4. 简述超声切割止血刀的工作原理,与高频电刀相比具有的优点。

（杨　晖　唐文琴）

口腔修复仪器设备

1. 掌握口腔修复仪器设备的护理与保养方法。
2. 熟悉口腔修复仪器设备的操作常规、技术故障与排除方法。
3. 了解口腔修复仪器设备的工作原理。

口腔修复仪器设备是在义齿修复中所需要使用的仪器设备,护理人员应加强管理,了解仪器设备的性能,准确、及时地提供正确的仪器设备。

◀ 第一节 CAD/CAM 计算机辅助设计与制造系统 ▶

CAD/CAM 计算机辅助设计与制造系统是以 CAD/CAM 技术为核心的口腔修复体设计和制作的先进设备。

一、基本结构与工作原理

(一)基本结构

CAD/CAM 计算机辅助设计与制造系统主要由数字印模采集处理系统、计算机设计系统和数控加工单元三部分组成。

1. **数字印模采集处理系统** 主要有激光扫描、光学反射、机械性采集等。用于采集待修复牙齿的初始数据,方便医师与技师对修复体作出精确的诊断。

2. **计算机设计系统** 自动形成牙齿重构模型及需要修改调整部分。

3. **数控加工单元** 将修复体数据转换成刀位文件,对陶瓷或金属毛坯进行加工。

(二)工作原理

系统接通后,数字印模采集处理系统通过光学探头或触摸式传感装置,完成对预备体形态的数据采集、数字化;计算机设计系统利用相应的编辑软件进行处理,设计出修复体的数据外形坐标集并显示在显示器上;数据同步传输到数控加工单元,通过数控铣床加工出相应修复体。

二、主要技术指标

1. 支持最大瓷块≥25mm。
2. 转速≥42 000r/min。
3. LED 显示屏显示控制研磨进度。

三、操作常规

1. 接通电源，启动系统。
2. 用光学探头或触摸式传感装置采集预备体印模数据，并于显示器上生成图像。
3. 通过相应的编辑软件生成修复体外形坐标集。
4. 将选择好的加工件的原料固定于加工单元，启动数控加工。
5. 加工完成后取出修复体。

四、技术故障与排除方法

CAD/CAM 计算机辅助设计与制造系统的技术故障与排除方法，详见表 8-1。

表 8-1　CAD/CAM 计算机辅助设计与制造系统的技术故障与排除方法

故障现象	故障原因	排除方法
印模图像模糊	光学探头位置放置不合适	调整至正确位置
	光学探头及控制板故障	报修
	预备体处理不良	重新处理预备体
加工时间过长	切铣刀具不够锋利	更换刀具
	加工时间编辑不合理	重新编辑加工时间

五、维护与保养

1. 加工单元使用前检查电源是否符合要求；探头使用后做好清洁、记录。
2. 使用后做好光学探头消毒。
3. 定期更换刀具、冷却水。

◀ 第二节　石膏打磨机 ▶

石膏打磨机又称石膏模型修整机，是修整、打磨石膏模型所需的修复工艺设备。本节介绍常用的湿性石膏打磨机。

一、基本结构与工作原理

（一）基本结构

石膏打磨机由电动机、传动部件、打磨轮、模型台、供水系统及排水通道组成。其外部结构为铸造金属外壳，打磨轮固定在电动机的转轴上。

（二）工作原理

石膏打磨机接通电源后，电动机带动传动部件及固定在其上的打磨轮转动，石膏模型在模型台上与转动的打磨轮持续接触,完成修磨。电动机转动时,供水系统同步供水,水喷到打磨轮上后再从排水孔进入排水系统排出。

二、主要技术指标

1. **工作电源**　交流电,电压为220V,频率为50Hz。
2. **电动机功率**　180~370W。
3. **电动机转速**　1 400r/min。

三、操作常规

1. 石膏打磨机安装高度适宜,固定于有水源及排水装置的位置,便于操作。
2. 打开电源开关,电动机转动;打开供水系统。待打磨轮转动平稳,注水通畅后,即可进行石膏模型的修磨。

四、技术故障与排除方法

石膏打磨机常见的技术故障与排除方法,详见表8-2。

表8-2　石膏打磨机常见的技术故障与排除方法

故障现象	故障原因	排除方法
接上电源插头后电动机不工作	电源线损坏	更换电源线
	电动机损坏	报修
	开关损坏	更换开关
接通电源,电动机工作但打磨轮不转或异响	传动部分松动	紧固松动部分
	打磨轮固定螺丝松动	拧紧松动螺丝
打磨轮转动时无水流	水路堵塞	疏通水路堵塞部分
	水路机械结构异常	报修

五、维护与保养

1. 为防止打磨时石膏粉末堵塞水路,石膏模型打磨必须在接通水源后再进行。
2. 打磨时注意方向和力度,防止损伤。
3. 打磨完成后及时清洁打磨轮,定期更换打磨轮。
4. 避免电机受潮,防止漏电。

◀ 第三节　抛光打磨机 ▶

抛光打磨机是修复制作室的专业设备之一,主要用于义齿的打磨及抛光,使其达到粗磨、细磨、高光的效果。

一、基本结构与工作原理

(一)基本结构

1. **打磨电机**　抛光打磨电机为电动机,由转子、定子、启动电容器、离心开关和速度转换开关组成。

2. 附件 包括机臂支架、锥形螺栓、车针轧头、砂轮夹头等。

（二）工作原理

电动机启动时提供打磨时所需的旋转动力；电机转子两端的双伸轴上安装各种附件，实现打磨抛光义齿的功能。双伸轴为圆锥形，可快速装卸附件。旋转式速度转换开关可调节打磨机的旋转速度。

二、主要技术指标

1. 工作电源 交流电，电压为220V。
2. 工作频率 频率为50Hz。
3. 输入功率 700～1 000W。
4. 电机转速 3 000～3 500r/min。

三、操作常规

1. 抛光打磨机应置于平稳、牢固的工作台上。
2. 电源应采用三孔插座，并有良好的接地保护。
3. 正确安装各种附件。左旋螺栓装左轴，右旋螺栓装右轴。将砂轮平稳放入砂轮夹上，用起子均匀拧紧夹头螺丝，各附件安装牢固无松动。
4. 调节速度转换开关。速度转换开关位于打磨机下方，旋转开关按顺时针旋转。

四、技术故障与排除方法

抛光打磨机常见的技术故障与排除方法详见表8-3。

表8-3 抛光打磨机常见的技术故障与排除方法

故障现象	故障原因	排除方法
电动机不工作	电源插头损坏	检查供电电源的电源插头
	电动机线圈故障	检修电动机
	转子和定子卡轴	调整转子与定子间隙
	轴承严重磨损或损坏	更换轴承并加油
	开关损坏	更换开关
电动机转动速度慢	离心开关触点粘连	修理离心开关
	离心开关损坏	更换离心开关
运行后电动机发热并发出焦味	电机绕组短路，造成电流过大	立即停机，由专业人员维修

五、维护与保养

1. 保持电机干燥，保持端轴光洁。用干布拭擦表面，用微量轻质棉纱拭擦两端及附件内孔，防止生锈。
2. 每个月向左、右两侧的加油孔注入4～5滴清质润滑油，并防止粉尘进入而影响打磨机寿命。

◀ 第四节 压 膜 机 ▶

目前使用的设备主要有正压电热压膜和真空负压电热压膜。前者用压力成型技术,后者使用真空成型技术。主要用于正畸保持器、牙弓夹板、暂基底、恒基底、护齿托等的成型和制作。下面以正压压膜机为例。

一、基本结构与工作原理

（一）基本结构
正压压膜机主要由压力舱、加热器、锁定把手、扫描器组成。

（二）工作原理
连接气泵和压力调节器,通过红外线加热器升温并加热膜片,对压力舱加压实现膜片成型。正压压模机的显示器可显现加热与冷却时间和气压大小。

二、主要技术指标

1. 工作电源　AC220V/50Hz。
2. 工作压力　0.05～0.4MPa。
3. 输入功率　750W。

三、操作常规

1. 将压膜机平放,接通电源,连接气泵和压力调节器。
2. 模型台内放置金刚砂和模型。
3. 根据不同的膜片材料选择不同的程序,可调节加热时间及控制压力的大小,绿灯进入操作模式,红灯为加热模式。
4. 不同的加热时间设定后,将加热器向前推进进行加热,加热完成后,将阀门关闭同时压力舱开始加压。加压完成后冷却时间自动开启。
5. 冷却完成,对压力舱进行压力释放,即可打开压力舱。

四、技术故障与排除方法

压膜机技术故障与排除方法,详见表8-4。

表8-4　压膜机技术故障与排除方法

故障现象	故障原因	排除方法
机器不工作	无电源或电源插头损坏	检查供电电源
膜片未成型	加热时间不足	适当延长加热时间
	压力偏离	调节压力
	未完成锁定	确认可进入操作状态

五、维护与保养

1. 避免有液体流入设备中,以防触电。

2．使用后清洁压膜机，收集好金刚砂备用。

3．设备冷却后才可搬运。

4．设备保持干燥，不可大力撞击。

5．操作时，避免可燃物品靠近设备。

6．设备电源必须可靠接地。

7．当设备处于加热状态时，避免接触红外线加热器。

◀ 第五节　电脑比色仪 ▶

电脑比色仪（color match with computer）是一种先进的计算机辅助比色系统，能够对自然牙、烤瓷修复体和牙齿漂白前后颜色进行数据分析，量化牙色所具有的色彩三维结构——色相、色度、明度的数值，并通过液晶显示器将比色结果进行显示。

一、基本结构与工作原理

（一）基本结构

电脑比色仪主要由测量单元、校准底座、电源等组成。测量单元又由脉冲光源、束光器、传感器、光电转换器、CPU 芯片、液晶显示器等组成。

（二）工作原理

比色仪脉冲光源发射光线照射比色区域，传感器接收反射光线后，CPU 分析计算颜色，由液晶演示器显示比色结果。

二、主要技术指标

电脑比色仪的主要技术参数如下：

1．温度范围　使用中 10～40℃，贮存中 -40～60℃。

2．测量时间　0.5s。

3．测色孔径　3mm。

4．光源　LED 灯。

5．颜色指南　Vita Classical、Vita 3D Master、Ceram-X Mono、Ceram-X Duo。

三、操作常规

1．将聚光头安装于比色仪上，按动"读取"键开机，开机后液晶显示校准提示。

2．将比色仪放入底座后，按动"读取"键进行校准。校准完成后，取出比色仪。

3．用塑料保护套包裹比色仪后，将比色仪聚光头置于患者牙体上，再次按动"读取"键进行比色。

4．液晶显示比色结果后，按左、右键可在 4 种颜色系统进行转换。

5．比色结束后，长按"读取"键关闭电源开关。

四、技术故障与排除方法

电脑比色仪技术故障与排除方法，见表8-5。

表 8-5　电脑比色仪技术故障与排除方法

故障现象	故障原因	排除方法
液晶显示器不显示	电池电量不足	更换电池
显示器显示"校准错误"	校准时位置放置不当	正确放置比色仪于校准底座
显示器显示"比色错误"	聚光头位置放置不当	将聚光头与牙面平齐放置

五、维护与保养

1．保持设备清洁卫生。

2．为防交叉感染，每位患者使用前应更换聚光头。

3．长时间不用设备时应关闭电源并放回保管箱内。

◀ 第六节　3D 打印机 ▶

3D 打印（3D printing），即快速成型技术的一种，它是一种以数字模型文件为基础，运用粉末状金属或塑料等可黏合材料，通过逐层打印的方式来构造物体的技术。

目前，常见的 3D 打印技术主要有立体光固化成型法（SLA）、选择性激光烧结技术（SLS）、分层实体制造法（LOM）和熔积成型法（FDM）四种。

一、基本结构与工作原理

（一）基本结构

3D 打印机主要由数据处理系统和打印系统（电子系统与机械系统）组成。

1．电子部分　系统板、主板、电机驱动板、温度控制板（如果采用热敏电阻测温则一般不需要用到温控板）、加热管、热电偶（或者是热敏电阻）、热床。

2．机械部分　现在大部分是采用步进电机带动同步带的方式，有的使用滑台组成 XYZ 轴，所以就需要电机、支架、同步轮、同步带等。

3．软件部分

（1）数据处理系统：包括固件、上位机程序、烧录软件。

（2）打印系统。

（二）工作原理

3D 打印机由数据处理系统控制，将需要制作的模型根据打印精度的要求分割成要求的层数，然后生成相应的打印坐标指令，由电子系统命令机械系统完成打印指令。采用分层加工、叠加成型，即通过逐层增加材料来生成 3D 实体。

二、主要技术指标

1．工作电源　交流电，电压为 220V，频率为 50～60Hz。

2．交流适配器电压为 100～250V。

3．打印精度≤30μm。

4．支持打印格式　STL，CTL，OBJ，PLY，ZPR，ZBD，AMF，WRL，3DS，FBX，IGES，IGS，STEP，STP，MJPDDD。

三、操作常规

1. 接通电源,启动系统。
2. 导入需要打印的 3D 数据。
3. 在软件中对数据进行排版。
4. 使用所需的 3D 打印材料启动 3D 打印。
5. 加工完成后取出修复体。

四、技术故障与排除方法

3D 打印机技术故障与排除方法详见表 8-6。

表 8-6　3D 打印机技术故障与排除方法

故障现象	故障原因	排除方法
打印变形	排版支撑放置不正确	调整至正确位置
	机器报故障	报修,请相关技术人员维修
	打印物体的表面粗糙	重新进行后处理
加工时间过长	排版高度设置不合理	调整排版高度

五、维护与保养

1. 打印前进行预热处理。
2. 使用后做好打印板的清洁。
3. 定期更换打印膜片。

知识拓展

快速成型技术

快速成型技术(rapid prototyping,RP)是口腔数字化制造技术之一,是一种基于离散堆积成型原理的新型制造方法,根据 CAD 模型进行材料的精确堆积,从而制造出原型。快速成型技术为增材技术,其特点为材料利用率高、加工精度高,且通过离散堆积成型,成型能力不会因加工对象的形状复杂而受到制约,所以在制造复杂修复体这方面更具优势。

思考题

1. 抛光打磨机的工作原理是什么?
2. 压膜机的种类有哪些?其成型技术有什么不同?
3. 何谓电脑比色仪?简述其操作常规。

(鲁 喆 岳 莉)

第九章

口腔医学图像成像设备

1. 掌握数字化成像系统的结构与工作原理；锥形束 CT 机的工作原理。
2. 熟悉数字化曲面体层 X 线机的结构与工作原理；锥形束 CT 机的结构。
3. 了解各类口腔医学图像成像设备的常见故障及排除方法。

随着信息技术的快速发展，口腔医学图像成像技术在临床的使用越来越普遍。护理人员应了解相关的仪器设备，了解常见故障及排除方法。

◀ 第一节 数字化牙科 X 线机 ▶

数字化牙科 X 线机是临床中最常见的口腔医学图像设备，由牙科 X 线机和数字化成像系统两部分组成。其中牙科 X 线机也称为牙片机，是口腔 X 线机中最小型的射线机，结构简单，操作灵活，一般用于投照口内 X 线片（根尖片、咬翼片、殆翼片等）。而数字化成像系统分为有线连接数字图像处理系统（直接数字化成像系统）和无线连接数字图像处理系统（间接数字化成像系统）两种。

一、基本结构与工作原理

（一）牙科 X 线机

牙科 X 线机分为壁挂式、座式和附设于综合治疗台的牙科 X 线机 3 种类型。

1. 基本结构　牙科 X 线机主要由 X 线机头、活动臂和控制系统三部分组成。

（1）X 线机头：包括 X 线管、变压器和冷却系统。

1）X 线管：是以钨丝为负极、钨靶为正极的真空玻璃管。

2）变压器：分高压变压器和低压变压器，高压变压器供 X 线管正极使用；低压变压器供 X 线管负极灯丝使用。

3）冷却系统：一般采用油浸冷却方式，冷却油作为冷却剂流过主冷却回路时从 X 线管中吸收热量，之后再通过环境空气的热交换器散热。

（2）活动臂：又称为支臂、万向臂，由弹簧、杠杆和底座组成，有可活动的关节，使机头能在一定范围内任意定位，以适应不同拍摄部位。

（3）控制系统：是对 X 线管的 X 线产生量进行调节和限时的低压系统。牙科 X 线机的控制系统元件安装在控制台内。控制台面板采用数码显示，控制台内装有电源电路、控制电路，以及高压初级电路的自耦变压器、继电器和电阻等部件。按牙位键电脑可自动选择曝光时间。

2. 工作原理

（1）灯丝加热后产生电子，在正极高压作用下，电子加速撞击钨靶，产生 X 线。

（2）X 线机头设有窗口，窗口装有铝过滤板，吸收软射线；窗口外装有含防护物质的遮线筒，阻挡不必要的射线。

（二）数字化成像系统

1. 基本结构

（1）直接数字化成像系统的结构：有线连接数字图像处理系统由传感器、光导纤维束、光电耦合摄像头（CCD 摄像头）、图像处理板、计算机及打印系统等构成。

1）传感器（sensor）：简称探头，边缘圆钝、光滑，其体积如牙片大小，厚度为 4.5mm。传感器的中间或边缘有一连接线（通常为网线或电缆，传输电信号），另一头直接连接在计算机上。传感器上有一个 19.6mm×28.8mm 的可接收 X 线的敏感区。敏感区内有一闪烁体（或荧光体），可将 X 线信号转变为光信号。传感器上的连接线是易损部位，因此最新的传感器中引入无线射频传输技术，此时无须连接线，但需要一些额外的电子元件，将增加传感器的总体积。

2）光导纤维束和 CCD 摄像头：有 4 万余支光导纤维束紧贴闪烁体，将光信号传输给另一端的 CCD 摄像头，CCD 将光信号转换为电子信号后，沿连接线输入计算机内的图像处理板。

3）图像处理板：处理由 CCD 传送来的电信号，经过 12bit 模拟数字转换（A/D 转换器转换）成 4096 级灰度的图像信号，使图像立即在电脑屏幕上显现出来。

4）计算机及打印系统：完成图像处理、储存、管理和输出，并可通过计算机网络将图像直接送到医生诊疗室，也可将图像打印出来。

（2）间接数字化成像系统的结构：无线连接数字图像处理系统由图像板、扫描仪等构成。

1）图像板（imaging plate，IP 板）：厚度和面积与牙片相似，不能弯曲，表面涂有一层光激励存储荧光体（PSP）。PSP 经 X 线投照后可以产生电离，以俘获电子的形式吸收 X 线中的能量，形成潜影，此为 IP 板的第一次激发。IP 板没有连接线与计算机直接连接，被照物体的影像以潜影的方式储存于 IP 板上，不能直接在屏幕上显示。

近几年出现的可以弯曲的 IP 板，更加薄而柔软，具有一定的弯曲度，放入口腔拍摄时与胶片一样，而且扫描速度非常快。

2）扫描仪（scanner）：用激光进行扫描最终成像的仪器，由激光阅读仪、光电倍增管和模/数转换器组成。将 IP 板放入扫描仪内，受到激光的第二次激发，产生荧光。荧光的强弱与第一次激发时所受能量呈线性正相关。荧光经光电倍增管转换为相应强弱的电信号。最后电信号增幅后进行模/数转换，模拟信号逐段数字化并产生每线特定数量的像素（数字影像矩阵），使整个图像在屏幕上显示出来。此过程为 IP 板中潜影显像过程。

IP 板中影像读取完成后，可通过施加强光消除残余潜影，此时 IP 板重新成为空白板，可再次重复使用。

2. 工作原理 数字成像系统的工作原理就是将 X 线信号转换为电信号,再经过模 / 数转换,最终形成图像呈现在屏幕上。DR 和 CR 的区别在于 X 线信号转换为电信号的过程不同,前者的信号转换过程为 X 线信号→可见光信号→电信号;而后者的信号转换过程是 X 线信号→潜影(第一次激发)→可见光信号(荧光,第二次激发)→电信号。数字图像处理系统的工作原理如图 9-1 所示。

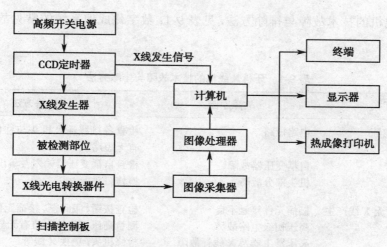

图 9-1 数字图像处理系统的工作原理

二、主要技术指标

牙科 X 线机的主要技术参数如下:

1. 电源 AC220V±10%,50Hz。

2. 射线管最高额定电压 管电流 7mA 时 65kV。

3. 管电流 7mA。

4. 标称焦点大小 0.4mm。

5. 阳极角 12.5°。

6. X 线场的大小 ≤6cm。

7. 负载状态下的泄漏辐射 距焦点 1m 处<250μGy/h。

8. 焦点到锥体远端距离 20~30cm。

三、操作常规

1. 接通外电源。

2. 打开数字图像系统和牙科 X 线机开关,使电压稳定在所需数值。

3. 将传感器或图像板放入配置的一次性牙片保护袋内,然后放入口腔内所需拍摄的部位,选择相应的曝光时间。有线连接的图像可以直接在监视器上显示;无线连接数字化系统则将图像板放入扫描仪中扫描。

4. 在计算机拍摄软件中输入患者的编号或姓名、性别等所需资料,并及时储存。患者的信息也可以直接从医院信息系统(HIS)中获取,使用刷卡器或者从照片工作列表(worklist)中获得。

5. 拍摄完毕，将获得的图像保存并传输到医院的影像存储与传输系统（PACS）。医生可通过 PACS 或 HIS 调取患者的牙片图像，也可根据患者需要，用相应的纸质材料或胶片打印牙片图像。

6. 关闭机器开关及外电源。

四、技术故障与排除方法

牙科 X 线机的技术故障与排除方法，见表 9-1；数字化成像系统的常见故障及排除方法，见表 9-2。

表 9-1　牙科 X 线机的技术故障与排除方法

故障现象	故障原因	排除方法
摄影时保险丝熔断	电路短路	检查各接线端及机头与柱体的旋转部分有无短路
	自耦变压器故障	检查自耦变压器输入及输出线
	机头部分故障	检修机头
毫安表无指示，无 X 线产生	接插元件接触不良	检查按钮、限时器、接插元件，保护元件
	高压初级电路故障	测量高压初级输出值有无异常
	高压发生器及 X 线管故障	检修机头，更换 X 线管
摄片时，胶片有时不感光	接触器故障，或接点有污物，或簧片变形	清除接点污物，调整接点距离，更换簧片
	可控硅及控制部分故障	检修可控硅及控制部分
曝光时，机头内有异常响声	机头漏油，有气泡产生	加油后排气，密封漏油部位
	机头内有异物	清除机头内的异物
	冷却油被污染	更换冷却油
	高压变压器故障	检修或更换高压变压器

表 9-2　数字化成像系统的常见故障及排除方法

故障现象	故障原因	排除方法
开启图标不能点击成功	RVG 与 CCD 连线未接	连接 RVG 系统
	传感器受光面反向	改变传感器方向
扫描图像为白色	无 X 线或未设置 RVG 方式	检查 X 线机或重新设置 RVG 方式
	未用 RVG 采集图像	重新操作
	传感器损坏	更换传感器
扫描图像全黑	无受检组织	重新设置传感器
图像模糊	患者晃动	让患者保持固定体位
	RVG 未在 X 线机发射时正常采集	重新拍摄
	传感器或 X 线球管老化	更换传感器或球管
图像不能完全显示	球管未正对传感器	调整球管或传感器位置

五、维护与保养

1. 牙片保护袋为一次性塑料袋,一人一换,在为每位患者拍摄牙片前,都要更换牙片保护袋套在传感器或图像板上,以防止医源性感染。

2. 操作时应轻柔,避免连接线或图像板断裂或损坏。

3. 患者图像资料应及时存盘,以防停电或其他原因造成影像资料遗失。

4. 数字化牙科 X 线机的消毒处理依次为活动臂→ X 线机头→操作面板→手控开关→影像成像板扫描仪,由左至右、由上至下进行擦拭消毒,牙椅使用 75% 乙醇喷雾或使用消毒湿巾由上至下进行消毒。

5. 保持机器的清洁和干燥,定期检查。

6. 出现故障时,应及时停机检查或请专业人员维修。

◀ 第二节 口腔数字化曲面体层 X 线机 ▶

口腔数字化曲面体层 X 线机(digital panorama)也称为口腔全景机。临床中,全景机是不仅能拍摄口腔全景片,还能拍摄头颅定位测量片的二合一设备,它们共用一个 X 线球管,但传感器设置在不同的位置。

一、基本结构与工作原理

(一)基本结构

1. 传感器 X 线照射时,传感器接受其信号,通过计算机自动储存。在临床上,拍摄全景片或头颅定位测量片时,可通过将同一个传感器插入不同位置而获得不同的 X 线图像,也可以在全景和头颅定位测量的片盒位置分别安装 2 个不同传感器,拍摄时仅激活其中一个传感器即可。

2. 计算机系统 数字化曲面体层 X 线机的计算机系统与直接数字成像系统基本类似,即图像电信号由传感器通过连接线传入计算机内,进行模拟数字转换成不同灰阶的图像信号,从而呈现在显示屏幕上。部分数字化曲面体层 X 线机在其软件界面能进行各种拍摄模式(全景片和头颅定位测量片,儿童模式和成人模式等)的转换。

3. X 线机的结构 X 线机结构比牙科 X 线机的机头更加复杂,除了 X 线球管外,还包括电路系统、控制面板和机械部分。

(1)X 线球管:球管内装有 X 线真空管、变压器和冷却油。曲面体层 X 线机设有 2 个或者更多窗口,拍摄全景片时,X 线管窗口前为一个狭窄呈矩形缝隙的金属板即限域板,限制 X 线只能从裂缝处呈近似平行的直线束向外射出。为了获得清晰图像,隙缝应较小,一般为 2mm。在拍摄头颅定位测量 X 线片时,X 线管窗口则为一个方形的限域板。

(2)电路系统:包括电源电路、控制电路、高压初级电路、灯丝变压器初级电路、高压次级电路、管电流测量电路和曝光量自动控制电路。电路系统主要是保证能够产生稳定而可控的 X 线。

(3)控制面板:为电路控制和操作部分,其面板上有电源电压表、时间 / 电压调节器、程序调节、机器复位和曝光开关键等。

(4)机械部分:包括头颅固定架、底盘、立柱、升降系统和头颅定位仪等。头颅固定架由颌托板与头架组成,并联接在立柱上,可上下移动,调节高低位置。现在的机器多采用咬合板或固定的颌托板。头颅固定采用光标定位。立柱是承受和支持整个机器的主体,固定于墙壁和地面。在立柱上增设一个长的支臂,支臂上设有头颅定位仪,头颅定位仪上有耳塞和眶点指针。

(二)工作原理

曲面体层 X 线机的基本原理是利用体层摄影及狭缝原理,一次性曝光就可将上、下颌骨及全牙列投照在一张图像上。X 线球管和传感器围绕患者头部旋转,形成弯曲的焦点槽。聚焦在焦点槽内的结构,影像清晰;聚焦在焦点槽前或后的结构,影像模糊,甚至完全看不清。数字化曲面体层 X 线机的工作原理不同于普通的曲面体层 X 线机,它的成像原理与直接数字化的牙科 X 线机基本类似,采用无胶片的 CCD 成像的摄影方式,图像直接在屏幕上显示出来,无须化学药水冲洗,成像快捷方便,同时能扩大诊断范围和提高诊断能力。

二、主要技术指标

口腔曲面体层 X 线机的主要技术参数如下:

1. **电源电压** AC220V,50/60Hz,内阻≤1Ω。
2. **管电压** 60~90kV。
3. **管电流** 6~12mA。
4. **焦点** ≤0.5mm×0.5mm。
5. **总滤过** 2.5mmAl。
6. **泄漏辐射量** 在距离照射原 1m 内不超过 1.0mGy/h。
7. **图像质量** 4LP/mm。
8. **输入功率** 2kW。

三、操作常规

1. 接通电源,打开机器总开关。

2. 根据患者的年龄、身体状况等,选择曝光因素(电流、电压、模式)。一般原则:儿童和老年人、女性患者、瘦弱的患者等选择较低辐射剂量的曝光模式(适当降低管电压、管电流,选择儿童模式等),健壮的成年男性则应该适当增加管电压、管电流。

3. 调整患者体位 拍摄曲面体层片时,嘱患者颌部轻轻放在颌托上,上下切牙咬到咬合杆定位槽中(无咬合杆时应让患者轻咬舌尖;患者上下前牙缺失者则应取下咬合杆,小幅度张口),调整光标线,用头夹固定头部,患者双手扶住扶手以稳定身体,避免摔倒。光标线调整:中线与患者面部中线重合(鼻尖至颌点连续,或上、下、中切牙间隙);水平线与鼻翼眶底中点 - 耳屏连线重合或平行(或咬合平面尽量与地面平行);口角线与上颌尖牙远中间隙重合。拍摄头颅测量定位片时,需要将定位耳塞放入患者的外耳道内,标尺放在鼻根处;嘱患者咬紧后牙,唇部自然并拢,双眼平视前方。告知患者在曝光过程中必须保持头颅的稳定。长按曝光键进行拍摄。曝光结束后,小心将固定患者的头夹或耳塞松开,确定图像质量达标后,让患者离开。

4. 将图像保存在计算机(本地储存)和 PACS(局域网储存)中。临床科室可通过 PACS进行图像查询。PACS 一般具有图像(全部 / 局部)放大、图像锐化或反白、骨密度测定、头颅定位测量等功能。

5. 操作完毕，关闭机器电源和外电源。

四、技术故障与排除方法

口腔曲面体层 X 线机的技术故障与排除方法见表 9-3。

表 9-3 口腔曲面体层 X 线机的技术故障与排除方法

故障现象	故障原因	排除方法
X 线片的对比度差，曝光不足或过度曝光	电源电压不稳定 X 线管输出 X 线量不稳定（管电压或管电流不稳）	用稳压器稳定电压 检查 X 线球管的变压器
X 线片上的放大率不稳，牙齿排列时宽时窄，且有条索出现	电源电压不稳定 机械传动装置不良	用稳压器稳定电压 检修电动机、转动滑轮及连接杆等
油泵升降系统失灵或不稳	油泵故障 油质不良 管道破裂或不畅通 阀门调节不良 电路系统故障	检修电动机，检查供电电压 更换冷却油 检修管道 调整阀门流量 检修电路系统
毫安表无指示，无 X 线产生	控制电路故障 高压接触器故障 灯丝电路故障 高压变压器及 X 线管故障	检修电路系统 检修或更换高压接触器 检查灯丝电路 检查高压初级电路输出值、检修 X 线管
X 线片拍摄不完全或拍摄突然中止	电路控制系统故障 曝光按钮故障 X 线球管过热	检修电路控制系统 更换曝光按钮 关闭设备，等待 X 线球管温度下降
曝光时，X 线球管内有异常响声	球管漏油，有气泡产生 球管油路内有异物	排气加油，密封漏油部位 清除异物

数字化曲面体层 X 线机的成像系统故障及其排除方法与数字化牙科 X 线机基本相同。

五、维护与保养

1. 保持机器的清洁和干燥。

2. 定期检查机器的各个部件。

3. 如发生故障，应及时请维修人员进行维修。

4. 应按照操作规程进行操作。

5. 图像资料及时存盘，防止因停电或其他原因导致资料遗失。

6. 消毒处理依次由耳塞→前头部固定靠→升降体→悬臂→操作面板→侧头部固定靠→颌托→把手→立柱，由左至右、由上至下进行擦拭消毒。

◀ 第三节　锥形束 CT 机 ▶

锥形束 CT 机也称为牙科 X 线机，即 CBCT，由 X 线成像设备、数字化传感器及计算机系统组成。CBCT 可以分为卧式、坐式及立式 3 种类型。

一、基本结构与工作原理

（一）基本结构

1. X 线成像设备　坐式及立式的结构与普通口腔曲面体层 X 线机相同，而卧式的结构与螺旋 CT 相似。X 线成像设备均包括 X 线球管、机械部分、电路系统、控制部分。由于是完全数字化系统，所以不包括胶片夹，而由数字化传感器（探测器）所替代。在 X 线成像设备中，X 线球管是最关键的部分。X 线球管与数字化传感器同时固定在可旋转的机架两端，随着机架旋转，X 线球管与传感器同时旋转，两者位置关系保持相对静止。进行 X 线扫描时，X 线球管产生射线，经由被照物衰减后，残余的 X 线被传感器探测。

2. 数字化传感器　CBCT 扫描时，数字化传感器接收经过被照物而衰减后的 X 线信号，经过信号转换后，传入计算机系统进行数据接收、重建和储存。传感器仅对 X 线信号进行探测和转换，不做图像处理和显像。

目前，数字化传感器分为两类：影像增强管 - 电荷耦合器件（image intensifier tube-charge coupled device，II-CCD）和平板探测器（flat panel detectors，FPDs）。

（1）影像增强管 - 电荷耦合器组合：影像增强管能够汇聚、加强影像，使较大面积的影像可以汇集成较小面积的影像，而在末端连接面积相对较小的 CCD 摄像机，进行光电转换。这种传感器形成的是圆形基础图像（球形体积）。使用影像增强管比直接使用 CCD，更能够减小传感器面积以降低成本，同时可以提高图像的对比度和亮度。这种技术的优点是技术成熟、价格低廉、视野更大；缺点是传感器体积较大、图像易失真、机器损耗大、维护成本较高。

（2）平板探测器：是最新的传感器技术，也是目前使用最广的 CBCT 传感器。目前的 CBCT 传感器是间接 FPD，采用的是表面耦合了一层 X 线闪烁体（或荧光体）的固态传感器面板。工作时，X 线经过闪烁体（或荧光体）层转换为可见光信号，光信号由具有光电二极管功能的非晶硅层转换为电信号。常见的闪烁体材料为碘化铯（CsI），而荧光体材料多为硫氧化钆（GdSO）。相对于 II-CCD，FPDs 具有体积相对较小、图像无失真、寿命长、易维护等优点，但价格昂贵。

根据传感器面积，CBCT 还分为大视野、中视野和小视野 3 类。①大视野 CBCT 的成像区域包括部分 CBCT、整个上下颌骨甚至可包括整个头颅，影像质量比小视野 CBCT 略差，但视野大，适用于正畸、创伤及正颌外科；②中视野 CBCT 成像区域可以包括上下牙列及周围的支持组织，但患者口颌系统存在大小差异，因此可出现无法完全包括上下牙列的情况；③小视野 CBCT 的成像区域仅为几颗牙齿，图像影像清晰，对比度高，细节突出，辐射剂量小。

3. 计算机系统　口腔颌面部 CBCT 配套的计算机系统主要功能是 CBCT 数据重建和储存，也是数据最终成像的关键一环，一般包括影像重建工作站及影像数据存储服务器。

（1）影像重建工作站：将传感器接收到的 X 线信号经过特殊的数学算法重建出三维影

像。每次 CBCT 投照将产生 100～600 个单独的原始图像，而每个原始图像具有超过 100 万个像素，每个像素由 12～16bit 的数据构成。计算机通过庞大的运算能力和特殊算法，将数据处理后形成由立方体体积元素（体素）的体积数据集（体积重建）。体积数据集可再次重建形成 3 个正交平面的图像。所有 CBCT 机都自带专用的图像重建及处理软件，具有基本的图像重建功能，还具备二维和三维的测量功能。但用户需要进行特殊的图像重建或测量时，则需将 CBCT 的 DICOM 数据（一种国际标准的医学图像格式）导入专用的三维重建软件后再进行处理或测量。

（2）影像数据存储服务器：一般基于 Windows 平台，使用厂家专用的影像处理软件进行影像的管理，它可以完成影像的存储、调用、图像处理、虚拟计划等工作。用户使用中所接触到的就是这台计算机。

（3）影像客户端计算机是客户通过计算机局域网与影像数据存储服务器相连，通过网络传输影像资料，可以就近使用客户端计算机完成除储存以外的其他影像处理、诊断及管理等工作。

（二）工作原理

CBCT 的 X 线球管发射的是发散的锥形束 X 线，当 X 线源与传感器围绕旋转中心移动 180°～360° 的弧形时，可以获得多个连续的平面投影图像。这些单个投影图像构成 CBCT 的原始数据。单个的原始数据被称为帧或原始图像，而完整的图像序列则被称为投影数据。CBCT 旋转扫描（旋转 180°～360°）一次即可获得足够的投影数据用于体积图像构建。而这些数据既能依靠特殊的反投影算法重建出整个目标体积的三维影像（体积图像构建），也能提供 3 个正交平面（水平、矢状和冠状）的二次重建图像。

二、主要技术指标

牙科 CBCT 机的主要技术参数如下：

1. 电源电压　AC220V/50Hz。
2. 管电压　60～90kV±10%。
3. 管电流　1～10mA±10%。
4. 焦点　0.5mm×0.5mm。
5. 滤过　70kV 的条件下，最小固有滤过为 3.1mmAl。
6. 放射输出的变差系数　最大 0.05。
7. X 线管组件最大热容量　194.45kJ。
8. 泄漏辐射量　在距离照射原 1m 内不超过 1.0mGy/h。
9. 图像质量　2LP/mm。
10. 最大输出功率　0.9kW。
11. 最大消耗功率　2kW。
12. 靶材料　钨。
13. 靶角度　5°。

三、操作常规

1. 接通外部电源，打开口腔颌面部 CT 机器电源，并启动影像重建工作站及影像数据存储服务器。

2. 启动影像数据存储服务器中的对应程序，并输入患者信息。

3. 设定相应投照程序，调整曝光参数（电压、电流）。

4. 患者入位，根据不同机型有站立、坐姿、卧姿3种拍照方式。患者入位后，根据激光束进行患者定位，与数字化曲面体层X线机成像相似。

5. 可选预拍程序，预先拍摄正位及侧位二维投影片各一张，然后通过电脑端点击准确的目标区域对患者位置进行微调。

6. 曝光。

7. 电脑操作，重建三维影像，调整对比度和亮度，寻找目标区域并重新切片。随后可进行测量及标注工作。

8. 导出DICOM影像至本地硬盘、CD或PACS网络，启动相关医疗计划软件（模块）进行三维图像的进一步应用。

9. 操作结束，保存影像，关闭所有机器电源及外部电源。

四、技术故障与排除方法

口腔颌面部CBCT的技术故障与排除方法与数字化曲面体层X线机基本相同。

五、维护与保养

1. 保持机器的清洁和干燥。

2. 定期检查机器各部件。

3. 定期进行校准，影像增强器机型为每个月进行一次，平板探测器机型为每年进行一次。

4. 严格按操作规程操作，避免违章操作，以防止或避免机器损坏。

5. 影像资料定期备份，防止电脑系统问题导致的数据丢失。

6. 如发生故障，应及时请专业维修人员修理。

7. 牙科CBCT消毒处理依次由悬臂→平板探测器→球管→头托→颌托→扶手→患者座椅→底座→操作面板→遥控器→手控开关，由左至右、由上至下进行擦拭消毒。

知识拓展

口腔医学图像成像设备的展望

随着科技日新月异的发展，口腔医学图像成像设备更新换代的时间越来越短，传统影像设备不断改良，新的影像设备逐步进入口腔临床。传统数字化影像设备的进步表现在对数字化传感器的革新。目前使用的间接FPD在由X线信号转换为可见光信号时，存在光散在现象，导致图像的分辨率和对比度降低。而新型的直接FPD采用的是光电导材料非晶硒层，可直接将X线信号转换为电信号，降低信号损失，提高图像质量。直接FPD将是平板探测器的发展方向。

而在新设备方面，螺旋CT机，磁共振成像（MRI）系统，彩色多普勒超声诊断系统，光学相干断层扫描仪也逐步在口腔临床展开应用。不同设备诊断不同疾病，影像设备的使用增加将极大提高口腔疾病的诊治成功率。

1. 牙科 X 线机的结构包括哪些？
2. 请简述 IP 板的激发过程。
3. 请简述曲面体层 X 线机的工作原理。
4. 请简述牙科 CBCT 的工作原理。
5. 请简述牙科 CBCT 的消毒处理流程。

（刘媛媛　宋　宇）

| 第十章 |

口腔医院正压供气系统与中心负压抽吸系统

学习目标

1. 掌握空气压缩机和真空负压泵的基本结构与工作原理。
2. 熟悉空气压缩机和真空负压泵的维护和保养。
3. 了解空气压缩机和真空负压泵的结构；故障和排除方法。

在口腔的诊疗过程中经常会使用牙科综合治疗台,需要有正压供气系统和负压抽吸系统,以保证诊疗的顺利进行。

◀ 第一节　正压供气系统 ▶

正压供气系统由空气压缩机、过滤器、干燥机等部件组成。正压供气系统生产的压缩气体具有流动速度快、存储方便、无味、使用安全等优点,是确保口腔医疗设备正常运转必不可少的重要动力源。

一、基本结构与工作原理

正压供气系统一般由空气压缩机、冷却器、储气罐、干燥机、过滤器、压缩空气管路组成(图 10-1)。空气压缩机是正压供气系统的关键设备,按润滑方式有无油空气压缩机和含油空气压缩机;无油空气压缩机由于产出的压缩空气洁净无油,能够保证患者健康和提高医疗质量,从设备的使用寿命、环境保护、人员健康等多方面考虑,是当前口腔医疗行业气源的首选。空气压缩机形式多种多样,其中按压缩气体方式分为容积式和速度式两大类;按结构形式和工作原理,容积式空气压缩机又可分为往复式(活塞式、隔膜式)和回旋式(螺杆式、滑片式、液环式、罗茨式);速度式空气压缩机又可分为离心式、涡流式、轴流式、喷射式、轴流式＋离心复合式(图 10-2)。本节只介绍常用的往复活塞式无油空气压缩机。

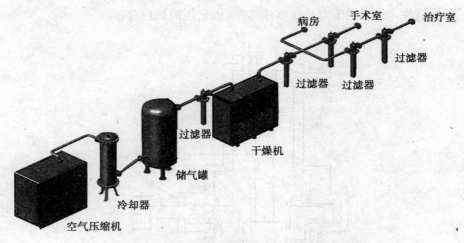

图 10-1　口腔医院正压供气系统结构图

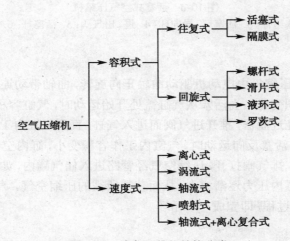

图 10-2　空气压缩机结构分类

（一）基本结构

往复活塞式空气压缩机主要结构包括气缸、活塞组件、活塞环、导向环、气阀组件、活塞杆、连杆组件、曲轴、偏心组件、机体组件（图10-3）。

1. 气缸　往复活塞式压缩机直接进行气体压缩的部件，它与活塞、气阀等共同组成压缩气体的工作腔。

2. 活塞组件　活塞与气缸内壁及气缸盖构成容积可变的工作腔，在曲柄连杆带动下，在气缸内作往复运动以实现气缸内气体的压缩。

3. 活塞环、导向环　在活塞和气缸之间起密封作用，防止高压气体通过间隙泄漏。

4. 气阀组件　在气缸上部，工作时交替地开启和关闭，控制气体进、出工作腔，利用气缸工作腔和阀腔之间的气体压力差而开启、关闭，控制气体流向。

5. 活塞杆　承受由曲轴连杆传送的往复运动驱动活塞压缩空气。

6. 连杆组件　与曲轴共同将输入压缩机的旋转运动转化为活塞的往复运动。

7. 曲轴、偏心组件　主要与连杆共同转化运动方式，把旋转运动转化为往复运动。

8. 机体组件 主要用于安装压缩件部件,固定压缩机自身。

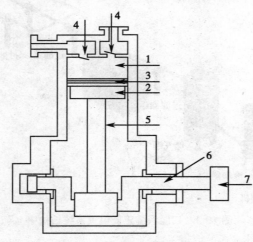

图 10-3 活塞式空气压缩机

1. 气缸;2. 活塞组件;3. 活塞环、导向环;4. 进、出气阀;5. 活塞杆;6. 连杆;7. 曲轴。

（二）工作原理

往复活塞式空气压缩机由电动机驱动曲轴正向旋转,曲轴带动连杆使活塞在气缸内往复运动,引起气缸容积变化。当活塞从气缸盖处开始运动时,气缸容积增大,缸内压力低于大气压力,外界气体经过滤器,推开进气阀而进入气缸,直到气缸内工作容积变到最大时停止进气,进气阀关闭;活塞反向运动时,气缸内工作容积变小,缸内空气被压缩,压力升高,当压力达到一定值时,排气阀打开,压缩空气经管路进入储气罐内,如此循环工作向储气罐内输送压缩空气,使罐内压力逐渐增大,从而获得所需的压缩空气。气缸内相继实现吸气、压缩、膨胀、排气四个过程,即完成一个循环。

二、主要技术指标

1. **工作电压** 单相 AC220V/50Hz 和三相 AC380V/50Hz。
2. **功率** 0.8～45kW。
3. **最大压力** 0.8MPa。
4. **产气量** 0.08～7.5m³/min。
5. **储气罐容积** 30～3 000L。
6. **噪声** ≤66dB。

三、操作常规

1. 打开控制箱电源,启动空气压缩机。控制箱电源必须安装空气开关并带漏电保护,按国家标准要求实行三级控制,空气压缩机的电路是自动控制电路。

2. 每天下班时必须拉下总开关,断开电源,打开储气罐底部的排气阀,排除剩余的空气和水分,排完后拧紧排气阀。

3. 初次使用的空气压缩机,需要调整出气口上的减压阀;没有减压阀的需要加装。把压力调整到与口腔综合治疗台相匹配,一般为 0.5～0.8MPa。

4. 空气压缩机要求放置在通风良好、干燥的地方,保持相对洁净的自然空气,切忌将其放在诊室或楼角。空气压缩机与周围其他物品应保持 30～50cm 的距离,有利于散热和空气流通。周围不要放置化学品和有异味的物品,防止通过空气压缩机进气口进入治疗设备,从而传到患者口腔。

四、技术故障与处理方法

空气压缩机的常见技术故障与处理方法见表 10-1。

表 10-1　空气压缩机的常见技术故障与处理方法

故障现象	故障原因	排除方法
不启动	电源无电压 接触器故障 电动机损坏	检查电源电压 更换相同型号接触器 更换相同型号电动机
接通电源不启动	接触器接触不良 压力传感器损坏或接触不良 启动开关损坏	更换相同型号接触器 更换相同型号压力传感器 更换相同型号开关
供气很慢或不供气	单向排气阀或进气阀损坏	更换排气阀或进气阀
启动噪声大,供气慢	轴承摩擦或磨损严重 活塞环磨损严重 连杆与曲轴间的间隙变大	加注润滑油或更换轴承 更换相同型号活塞环 更换相同型号的轴承瓦套

五、维护与保养

1. 按照说明书的要求定期清洗空气过滤器,若环境中颗粒较多,应 3 个月更换 1 次;环境好的半年更换 1 次。

2. 储气罐内的污物要定期排放,每运行 8h 排污一次,将储气罐底部的排污阀打开,让空气压缩机在 0.2MPa 压力下运行数分钟带压排污。

3. 进、排气阀定期清洗,每年一次将气阀拆出,清除积碳,每年对主机全面维护保养一次,检查各主要运动部件的配合间隙,若磨损过大应更换。

◀ 第二节　医院中心负压抽吸系统 ▶

医院中心负压抽吸系统为手术室、抢救室、治疗室、门诊和各个病房等医疗单位提供中心负压抽吸。真空负压泵是产生负压吸引的动力源,主要用于口腔治疗过程中产生的液体、粉末、气雾等污染物吸入负压系统进行处理的设备。

一、基本结构与工作原理

(一)基本结构

中心负压吸引系统也称负压站,由真空泵、真空表、阀门、真空罐、气水分离器、电控箱以及连接管道组成(图 10-4)。

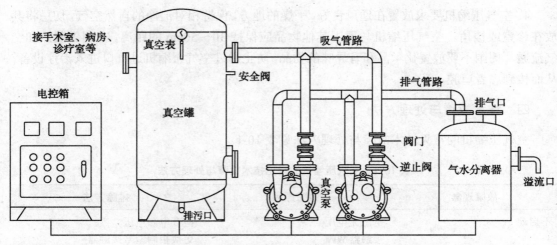

图 10-4　中心负压抽吸系统

（二）工作原理

负压站设有自动控制装置，电控箱在自动模式下，根据检测到的压力信号，控制真空泵的启动与停止。设定负压上、下限控制值，当实际负压值低于设定的负压值下限时，真空泵启动，产生吸力，吸进管道的污物收集在集污罐内，污水通过气水分离器沉淀在分离器底部，污水达到一定压力值自动排出；当实际负压值高于设定的负压值上限时，真空泵停止，由于负压在使用，真空罐内的实际负压值慢慢变小，从而控制实际负压值在安全、有效的范围内，保障中心负压抽吸系统的正常工作（图 10-5）。

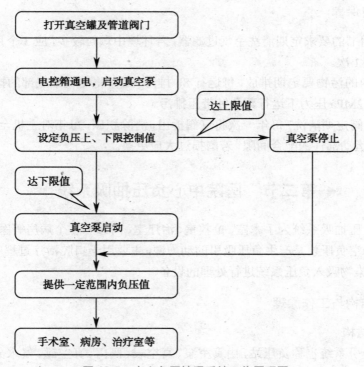

图 10-5　中心负压抽吸系统工作原理图

二、主要技术指标

1. 抽气量　25～630m³/h。
2. 电机功率　0.75～20kW。
3. 终端负压值　0.02～0.07MPa。
4. 抽气速率　≥30L/min
5. 系统每小时泄漏率　≤1%。
6. 噪声　<72dB。

三、操作常规

1. 负压站控制电源必须安装空气开关并带漏电保护，按国家标准实行三级控制，负压站的电路是自动控制电路。

2. 每天上班时检查有无报警信息，如有应及时处理。合上开关，接通电源；检查负压值应在-70～-20kPa正常自动控制，噪声低于72dB。

3. 注意确认真空泵、阀门、真空罐、气水分离器及连接管道工作正常；无漏电、漏气故障，密封良好；真空表指示正常准确。

4. 下班时必须拉下总开关，断开电源。

四、技术故障与处理方法

真空负压泵的常见技术故障与处理方法见表10-2。

表10-2　真空负压泵的常见技术故障与处理方法

故障现象	故障原因	处理方法
不工作	电源开关损坏	更换同型号开关
	控制线路断裂	焊接或更换线路
吸力不足	管道有漏气	更换同直径管道
	手柄调节开关漏气	更换新手柄
	管道堵塞	清理管道
噪声大	轴承磨损	更换同型号轴承
	泵内有异物	清理泵体

五、维护与保养

1. 真空负压泵的周围要保持良好的通风条件。每隔半年打开泵的轴承加注黄油。有的机型设有黄油嘴，直接使用加油枪注油。

2. 根据使用的情况每隔1～3个月清洗一次气水分离器，重点是封闭膜片，并确保分离器中液位感应器灵敏。

3. 真空负压泵的空气过滤材料主要是活性炭、触媒等，一般使用180～200h就需要更换新材料。定期清洗吸气过滤网保持清洁，以免抽速下降。

4. 定期检查抽吸气管路，防止漏气。

5. 定期检查负压值应为-7～-20kPa，噪声低于72dB。如发现噪声过大或抽吸力不足，应及时维修。

医院集中供气远程智能化管理

远程智能化管理系统是通过电力载波传输信号数据,信号数据经处理后由内部 GPRS 模块通过 GPRS 网络传输,通过互联网络上传至远程管理端的数据库服务器。远程管理端的数据库服务器对所采集的数据进行智能分析,管理、存储、生成各类报表。在数据异常(设备故障)时通过由串口通信电缆连接在远程管理端的数据库服务器上的 GSM 模块,向医院设备管理人员和设备供应商的售后服务人员发出手机短信报警通知,便于及时、高效、快速地处理设备故障,确保医疗工作的正常进行。

医院设备管理人员和设备供应商的设备管理人员还可通过浏览器远程访问管理端的网址,查看设备数据、实时了解设备的工作状况。

思考题

1. 空气压缩机的润滑方式分类有几种,分别是什么?
2. 往复活塞式空气压缩机主要结构包括哪些?
3. 中心负压吸引系统由哪几部分组成?
4. 真空负压泵的常见故障和处理方法有哪些?
5. 正压供气系统由哪几部分组成?

(叶 宏 吴小明)

口腔清洗消毒灭菌设备

口腔诊疗机构极易由于口腔器械的消毒灭菌不彻底而引发医源性感染，口腔器械的消毒灭菌对防止医源性感染有着极其重要的意义。在整个消毒灭菌流程中，主要包括清洗设备、养护设备、包装设备和灭菌设备。

◀ 第一节　清洗消毒机 ▶

清洗消毒机（图 11-1）又称全自动机械热力清洗消毒机，作为器械清洗消毒的设备，现在得到越来越广泛的应用。它采用机械化清洗方式，建立方便、有效、快速的清洗和消毒流程。清洗是消毒灭菌质量的基本保证，通过清洗可以去除可见污垢、血渍、细菌、真菌等微生物；有效的清洗可以防止器械生锈，确保设备、器械和物品的安全、有效运转。

清洗消毒机根据其容积和构型分为立式与台式，立式又分为单腔清洗消毒机和多腔清洗消毒机。这类设备由于容积和体积偏大，多用于专科口腔医院、综合性医院中心供应室等。台式清洗消毒机多用于口腔诊所，下面主要介绍牙科手机清洗机。

一、基本结构

清洗消毒机由内水循环系统、框架喷淋系统、进排水系统、多重过滤系统、清洗剂供给系统以及微处

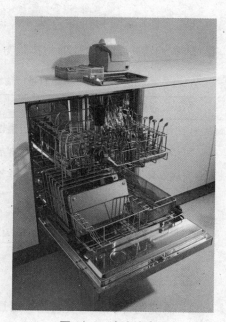

图 11-1　清洗消毒机

理控制系统等构成。口腔用清洗消毒机内设置的牙科手机专用附件用于牙科手机清洗。

清洗消毒机通过 5 种要素——水、化学试剂、机械力、清洗温度和时间的优化配合达到清洗消毒的目的，包括凉水预洗、加洗涤剂升温清洗、软水冲洗（去洗涤剂残留）、高温消毒（润滑）、热风干燥程序。

二、工作原理

1. 全自动运行，清洗过程全封闭，无接触，安全、卫生。

2. 采用口腔器械专用清洗框架，能直接冲刷洗净器械表面及内腔，确保彻底、安全、有效地消毒中空器械，如牙科手机。

3. 换水系统确保每个清洗及漂净阶段更换新水。

4. 标准化消毒过程，93℃加热消毒，有 10min 的保持时间，可对各类真菌、细菌进行彻底消毒。

5. 干燥程序的选择有利于口腔器械的干燥和下一步的注油养护。

三、操作常规

1. 检查水电连接是否正常。

2. 打开电源开关及电子门锁。在断电或程序运行过程中门是锁住的，以确保安全。

3. 检查清洗剂和光亮剂等的液面高度，保证有充足的剂量。

4. 装载器械和物品。牙科手机需要插在专用的手机座上，不锈钢弯盘等根据要求侧放。

5. 关门选择相应的程序，按"开始"键后，程序全自动运行。运行结束后程序有提示音，清洗、消毒、干燥完成。

6. 打开门取出器械。开门时应防止蒸汽烫伤。

四、技术故障与排除方法

清洗消毒机的技术故障与排除方法详见表 11-1。

表 11-1　清洗消毒机的技术故障与排除方法

故障现象	故障原因	排除方法
舱室内出现泡沫	使用错误的清洗剂种类	选用低泡的清洗剂
	清洗剂剂量过多	重新调整清洗剂比例
程序完成太早，指示灯闪烁	排水软管扭曲弯折	弄直软管，将水泵出并再次运行程序
清洗舱中的水不热且运行程序时间太长	加热部件被大量的物品覆盖或清洗舱中的过滤器被阻塞	调整物品装载，清洗过滤器

五、维护与保养

1. 清洗消毒机不可安装在有爆炸危险或极冷的环境中。遇到损坏时要立即关掉电源。

2. 清洗消毒机需使用符合要求的电导率≤5μS/cm 的软化水。

3. 喷淋臂事先做旋转测试，保证操作无阻碍，可切忌物品掉入该层。

4. 每天检查并清理位于清洗舱底部的粗、细过滤器，清理时应戴手套，注意安全，小心划伤。

5. 定期做好清洗消毒机腔体清洗，保证无水垢留存。

6. 有血迹或附有牙科材料的器械应先通过超声清洗和手工预清洗后再放入清洗消毒机。

7. 带关节的器械要打开关节，弯盘等容器应侧放。

8. 插牙科手机时，垂直向下用力；拔取时垂直朝上，不能旋转，用力应适当。手机插口内置的陶瓷过滤片变黄应及时更换。

◀ 第二节　超声清洗机 ▶

超声清洗机主要用于金属、玻璃材质器械的清洗，牙科手机不能用超声波进行清洗。

一、基本结构

超声清洗机主要由清洗槽和箱体组成（图 11-2）。清洗槽由不锈钢制成，底部固定有换能器等；晶体管电路由电源变压器、整流电路、振荡及功率放大电路、输出变压构成。

图 11-2　超声清洗机

二、工作原理

超声清洗机主要利用超声波空化冲击效应进行清洗。

1. 超声波"空化效应"的产生是由超声波发生器发出高频振荡讯号后，经换能器转换成高频机械振荡，在清洗液中疏密相间地向前辐射，在稀疏状态区则承受拉力，在密集状态区液体承受正压力，使液体流动而产生数以万计的微小气泡在负压区不断形成、成长，继而在正压区迅速闭合形成"空化"现象，通过气泡闭合形成的超过 1 000 个气压的瞬间高压，连续不断地冲击物件表面，使物件表面及缝隙中的污垢迅速剥落，起到清洗污物的效果。

2. 超声波还有乳化中和作用，能更有效地防止被清洗掉的油污重新附着在被清洗物件上。

三、操作常规

1. 检查水路、电路连接是否正常。

2. 加入多酶清洗液。

3. 打开电源开关，按要求放入所需清洗物件，根据器械的不同材质选择相匹配的超声频率。设置清洗溶液温度<45℃，清洗时间不宜超过10min。

4. 清洗时应盖好超声清洗机盖子，防止产生气溶胶。

5. 用"设置选择"键设置超声时间，按"启动"键进行超声清洗。

6. 排水，用清水清洗物品。

7. 取出清洗物品。

四、技术故障与排除方法

超声清洗机的技术故障与排除方法见表11-2。

表 11-2　超声清洗机的技术故障与排除方法

故障现象	故障原因	排除方法
排水时间过长	排水管道堵塞	取下排水管接头，清理里面杂质
不加热	加热丝热保护跳开	关闭加热丝热保护
清洗机不工作	电路换能器故障	请专业人员维修
无超声波振幅	超声波发生器老化	更换超声波发生器

五、维护与保养

1. 不能使用易燃的溶液及发泡洗涤剂，只能使用水溶性清澈的洗涤剂。

2. 加入清洗液至清洗槽的2/3处水位线上，不宜过满。

3. 物品清洗必须装在硬质篮筐中，浸没在水下面，管腔内注满水，物品离超声清洗机底应有一定距离。

4. 只能清洗金属物品，清洗前应先手工初洗，不要将杂质带到清洗槽内。

5. 工作结束后清洗干净超声机，应将清洗液通过排水管排出，不要将设备倾斜倒水。

6. 精密的器械如牙科手机、气动或电动马达和带光源的器械不能用超声清洗机清洗，有螺丝的器械在清洗过程中可能松动，清洗后应注意检查，并予以固定。

7. 定期检查阀门的工作是否正常，每年应对仪器的温度传感器等进行校准。

◀ 第三节　蒸汽清洗机 ▶

对于口腔小器械，如扩锉针、牙科钻针等，表面不光滑有螺纹，附着牙科材料和血迹很难清洗，蒸汽清洗机利用高温高压的蒸汽能达到很好的清洗效果，适用于清洗导管、器械、微创手术器械针头等，作为手工清洗或全自动清洗机清洗的补充，可清洗刷子、机器喷淋臂不易清洗到的部位。

一、基本结构

蒸汽清洗机是用于清洗金属铸件残渣和其他打磨工具的设备,主要由蒸汽机主机和水容器两部分组成(图11-3)。

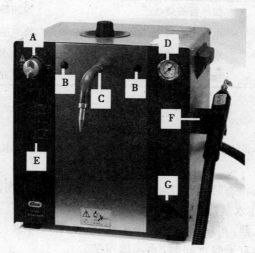

图 11-3 蒸汽清洗机
A. 机器启动开关;B. 连接固定喷嘴;C. 连接固定喷嘴;D. 压力表;
E. LED 运转显示灯;F. 清洗手柄;G. 温度极限保护。

二、工作原理

1. 高效、安全的压力蒸汽装置,可产生 0.8MPa 的高压蒸汽。

2. 手持式清洗喷嘴,易于操控。

3. 丰富的清洗组件,清洗更有针对性、更有效。

4. 通过洛克旋转接头可与多种腔体器械直接对接。

5. 可整合供水泵,直接与供水装置连接,也可选配压缩空气接口,连接压缩空气,通过操作手柄即可操控气体排放。

三、操作常规

1. 开始工作前,在水容器内注水至标注刻度线。

2. 打开主开关,加热自动开始,加热指示灯亮起,当蒸汽压力达到 0.8MPa,准备指示灯亮起,加热完成,可以使用。

3. 待清洗物品距离蒸汽喷嘴至少 1cm 以上,如污染严重、污物干涸可适当拉近距离。

4. 启动喷枪手动开关或脚控开关,释放蒸汽。

5. 当压力下降至为 0 时,转到操作旋钮至关闭挡。

6. 清洗时,操作者需穿戴个人防护用品,如隔热手套、防护面罩、隔离衣等,操作中防止烫伤。

7. 蒸汽喷嘴只能对准清洗的物体,不能对人和其他的物品。

四、技术故障与排除方法

蒸汽清洗机的技术故障与排除方法见表11-3。

表 11-3　蒸汽清洗机的技术故障与排除方法

故障现象	故障原因	排除方法
不加热	加热管被烧	换加热管
喷枪漏水	电磁阀有异物	换电磁阀或清理电磁阀水垢
不自动上水	水箱无水或管路中有空气	需加水或排气
指示灯不显示	指示灯损坏或电路板有故障	请专业维修人员修理

五、维护与保养

1. 水容器内的水不应该充得太满,应按规定缓慢注入蒸馏水或软化水,避免水外溢或溅出。

2. 处于加热及升压状态时不能往水容器内加水,有引起烧伤的危险。应在机器处于冷却状态时,向水容器内注水至标注刻度线。

3. 若长时间不用机器,可将旋转钮转至关机挡。

4. 定时检查水容器有无漏水问题,水垢情况等。

◀ 第四节　注油养护机 ▶

目前,牙科手机的注油和润滑已广泛使用全自动注油养护机完成一整套操作。它具有比喷罐手工注油性能更佳、稳定可靠、操作简便、对环境污染小的突出特点。

一、基本结构

注油养护机由保养机油加注孔、清洗液加注孔、活塞泵、定时器、油污过滤器、压缩机空气快速接口、废液弃置托盘喷嘴及转接口等部分组成(图11-4)。

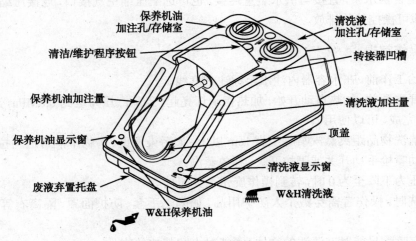

图 11-4　注油养护机

二、工作原理

利用活塞泵精确控制注射清洗液和注油量,达到清洗、注油养护手机的作用。

1. 压缩空气在带动牙科手机低速旋转的同时,驱动清洗液对内部的冷却水管路、雾化气管路及风轮进行喷射清洗。

2. 清洗完毕后,自动吹干残留清洗剂,并驱动注入润滑油进入内部管道、风轮和轴承进行润滑,吹去多余润滑剂,完成养护过程。

三、操作常规

1. 打开空气压缩机或中心供气阀门。

2. 注油前用气枪吹干牙科手机内腔管路的水分,保证管路的充分干燥。

3. 选择适配的转换接头,将牙科手机与转接口连接,插在喷嘴上。

4. 盖上顶套,按下开始按钮并保持 2s,清洗、注油过程全自动运行,全部过程只需要35s。

5. 注油机停止,注油养护完成,打开顶盖,取下牙科手机。

6. 使用完成后,用清洗液清洗注油机外壳表面。

四、技术故障与排除方法

注油养护机的技术故障与排除方法见表 11-4。

表 11-4　注油养护机的技术故障与排除方法

故障现象	故障原因	排除方法
指示小球无动作	管脱落	把管重新接好
	注油喷嘴堵塞或损坏	清洗或更换喷嘴
注油时间过长	压缩空气中的杂质将定时器放气孔堵塞	清理定时器

五、维护与保养

1. 通过液位指示管检查清洗剂和润滑油的量,需添加时注意清洗液和润滑油的标识,切勿将清洗剂和润滑油的位置倒错。

2. 注油养护机需正压、无油、干燥压缩空气,气源压力为 0.3~0.6MPa。

3. 注油操作中请关闭盖子及废液弃置托盘,防止油污污染环境。

4. 插拔牙科手机时不要左右旋转,注意保护插座上的 O 形密封圈,如明显缺陷、缺失或每隔 2 个月需更换一次 O 形密封圈。只有 O 形密封圈处于完好状态并经正确放置时,才能确保维护程序能安全和正确进行。

5. 定期检查进气管过滤器有无堵塞,一般一年更换一次,如有堵塞应及时更换。

◄ 第五节　封　口　机 ►

随着包装材料的发展和包装方法的改进,纸塑包装袋已越来越多地用于对口腔诊疗小器械的单个封装,封装时需使用封口机。口腔专科诊疗小器械众多,塑封包装是最常用的包装方法。

一、基本结构

封口机（图11-5）主要由热导轨、按压手柄、传动带、滑动刀片等组成。

图 11-5 封口机

二、工作原理

口腔诊疗的小器械种类繁多，周转快速，可选择装入专用的纸塑包装袋进行封装。纸塑包装袋一面是医用纸，一面是塑料。封装即利用加热熔化包装材料的塑料面，同时加压使塑料和纸面粘贴且有一定强度，达到密闭封装的目的。

三、操作常规

1. 打开电源，测试封口机性能，打印字迹不清楚应更换色带。
2. 纸塑包装袋封口　一般设定温度为170～180℃，低温等离子包装袋为全塑或医用包装袋，所需温度为110～120℃。
3. 接通电源，打开电源开关，设定批号、计时、操作员等打印信息。
4. 预热1～2min，达到设定温度后，将已装入器械的纸塑包装袋放到热导轨上，塑料面朝上，按下手柄并保持2～4s，抬开手柄封口即完成。如为全自动封口机，则纸塑包装袋随着传动带的移动，自动完成封口。
5. 封口结束后，降低封口机设定温度，温度降低后再关闭电源。

四、技术故障与排除方法

封口机的技术故障与排除方法详见表11-5。

表 11-5　封口机的技术故障与排除方法

故障现象	故障原因	排除方法
封口处粘结不严密	设定温度过低	调整设定温度
封口时有焦糊味	设定温度过高	调整设定温度
材料送入不整齐封口时有异常响动	传输皮带故障掉入异物	更换传输皮带并请维修人员检查处理

五、维护与保养

1. 每天擦拭，保持封口机清洁无尘。

2. 封口温度按要求设定，既不能过高，也不能过低，过高影响封口机性能，过低不能保证封口安全。

3. 封口距离应调整适当，封口处到包装器械的距离应≥2.5cm，密封宽度≥6mm。

4. 封口结束后，温度降低再关电源。

5. 正确操作，避免卡带影响运行，避免异物掉入封口机。

6. 不用时应拔掉电源，将封口机遮盖，防止积尘。

◀ 第六节 压力蒸汽灭菌器 ▶

压力蒸汽灭菌法适用于耐高温、耐湿热的物品的灭菌处理，具有安全、有效、经济的特点。压力蒸汽灭菌器属于压力容器，蒸汽灭菌器归属于低压容器（$0.1\text{MPa} \leqslant P \leqslant 1.6\text{MPa}$），压力容器应符合《特种设备安全监察条例》《压力容器安全技术监察规程》。操作使用≥30L容积的压力蒸汽灭菌器的人员，必须具备特种设备固定压力容器上岗证书。

一、基本结构

根据灭菌器冷空气排出方法，分为下排气式灭菌器和预真空式灭菌器。由于口腔诊疗器械涉及带管腔的器械较多，如牙科手机等，宜选用预真空式压力蒸汽灭菌器。根据灭菌器的大小和构型可分为立式和台式压力蒸汽灭菌器，立式压力蒸汽灭菌器由于体积和容器偏大，多用于专科口腔医院、综合医院口腔科；台式压力蒸汽灭菌器由于体积较小，适用于门诊量不大的口腔科、诊所、门诊部等。下面主要介绍台式压力蒸汽灭菌器。

压力蒸汽灭菌器（图11-6）由灭菌舱、夹套、门系统、安全阀、仪表、真空阀、热交换器、疏水阀、过滤器等组成。

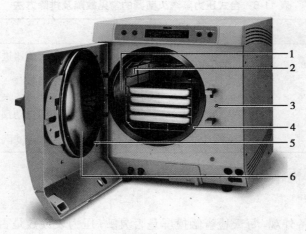

图 11-6 压力蒸汽灭菌器

1. 腔体；2. 托盘架；3. 门锁销；4. 腔体密封表面；5. 蓝色密封圈；6. 门圆盘。

二、工作原理

压力蒸汽灭菌器内部在一定压力下产生的蒸汽湿度高、穿透力强，同时利用机械抽真空的方法，使灭菌舱内形成负压，饱和蒸汽得以迅速穿透到物品内部，尤其是中空腔道（如牙科手机）。饱和蒸汽作为热传递的媒介，将热量快速传递到器械的各部位，能够迅速有效地杀灭微生物，使菌体蛋白质凝固代谢发生障碍，导致细菌死亡，抽真空还能使灭菌物品迅速干燥。

三、操作常规

1. 先检查蒸馏水桶内有无足够的蒸馏水，电源是否正常。
2. 打开设备电源开关，设备进入预备状态。
3. 打开门开关，将需要消毒灭菌的物品平稳摆放在托盘上，不能挤压和重叠，避免超载，再将托盘放入灭菌舱。
4. 关闭门开关，如警告信息提示门未关严，需重新操作。
5. 根据灭菌物品及灭菌器设定的应用程序进行选择，牙科手机的灭菌需选择"B级程序"。
6. 确定好使用的程序之后，按"启/停"键，程序即自动运行，"进程"自动显示在显示屏上。
7. 程序结束时有音响提示。打印机自动打印出所有的状态参数。
8. 灭菌结束，即可打开灭菌器的滑动门锁，开门取出器械，小心烫伤。
9. 使用完毕，关闭水源和电源。

四、技术故障与排除方法

台式压力蒸汽灭菌器的常见故障及排除方法见表11-6。

表11-6　台式压力蒸汽灭菌器的常见故障及排除方法

故障现象	故障原因	排除方法
温度低于灭菌温度	灭菌器漏气	对灭菌器进行漏气测试
器械干燥不好	器械装载量大	适当装载
	灭菌舱内后部的冷凝水回流管路堵塞	清理冷凝水回流管路
	自动预热功能没有激活	激活自动预热功能
灭菌器内腔积水	内腔过滤网堵塞	清理过滤网

五、维护与保养

1. 清洗检查设备外观，每天检查触摸屏是否灵敏，压力表读数是否与实时温度相对应，打印机功能是否正常。
2. 每天用75%乙醇或湿布擦拭舱门的边缘和密封圈，以保持良好的密封性。
3. 门的密封圈会老化，半年或一年进行更换，避免蒸汽的泄漏。

4. 台式灭菌器所需蒸馏水一周更换一次，并对储水桶进行清洁，保证吸水管浸没在液面下。

5. 经常检查自来水进水口处的过滤网，清除水管中异物造成的堵塞。

6. 检查空气过滤器是否连接可靠，空气过滤器需要半年或一年进行更换。

7. 输水阀应 3 个月清理一次，进气与进水管路上的过滤器应半年清理一次，以防杂质堵塞。

8. 安全阀每半年进行检测，压力表、温度计等计量仪表每年进行检测一次。

◀ 第七节　过氧化氢低温等离子体灭菌器 ▶

过氧化氢低温等离子体灭菌器是使用 55% 以上浓度的过氧化氢作为灭菌介质，在设定的温度（45～55℃）和真空条件下，通过过氧化氢气化、穿透和等离子过程对物品进行灭菌的装置。这是一种低温灭菌技术。此类设备一个灭菌循环需 50～80min，灭菌后的物品不需要通风，取出后可直接使用。

一、基本结构

过氧化氢等离子低温灭菌器（图 11-7）主要由等离子发生器、灭菌室、门系统、面板、报警装置等组成。

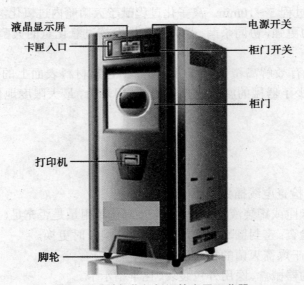

图 11-7　过氧化氢低温等离子灭菌器

1. 等离子发生器　低频能量发生器产生、传递能量至灭菌舱，使舱内过氧化氢等离子化。

2. 灭菌室　有圆形和矩形，室内工作温度应满足生产商的规定值，波动范围不得超过 ±5℃，最高温度不得大于 60℃。灭菌室实测容积和标准容积误差应不大于 10%。灭菌室内的结构还包括等离子电极网和过氧化氢浓度传感器等特殊结构。

（1）等离子电极网：是灭菌舱内的层网状结构，呈现圆形或矩形。它是灭菌过程中实现过氧化氢等离子过程的重要部件之一。

（2）过氧化氢浓度监测灯：即过氧化氢浓度传感器，灭菌过程中监测灭菌舱内过氧化氢浓度以判断是否符合设定要求。

3. 门系统 包括灭菌室的门和联动装置。门密封为硅密封＋磁力紧锁密封系统，保证运行过程不发生泄漏。灭菌室有单门或双门。应有门打开或关闭的状态指示及要求。

4. 面板 包括操作键和显示系统。操作键有开门键、关门键、灭菌周期选择键等，显示系统一般情况下具有灭菌信息显示、记录及存储功能。

5. 报警装置 当灭菌过程中发生灭菌参数如舱内压力、过氧化氢浓度、舱内温度等超出正常范围，设备报警装置会发出报警音并指示设备处于异常工作状态。最常见的是湿度报警，当灭菌器械没有彻底干燥时，灭菌器会自动报警并终止灭菌过程。

二、工作原理

1. 过氧化氢等离子低温灭菌系统采用高精度的低温、低频等离子发生器，在灭菌舱内持续、稳定地生成活性极强的过氧化氢等离子体。

2. 过氧化氢气体的穿透，通过灭菌舱内设定的真空度和温度使高浓度（55%～60%）过氧化氢气化、弥散，扩散到器械的内、外表面。此阶段灭菌成败取决于过氧化氢能否与器械内外表面完全接触。

3. 等离子过程协同杀菌，气化的过氧化氢充分扩散接触到器械的内、外表面6～10min，启动等离子过程5～10min。离子化过程赋予灭菌舱内过氧化氢气体分子更大能量，使其更活跃，穿透力更强，协同杀菌，最大限度地发挥过氧化氢的灭菌效能，达到最终灭菌水平。

4. 等离子过程有效解离覆盖在器械、物品和包装材料表面上的残余过氧化氢，变成水和氧气排出。减少了器械的腐蚀，延长器械使用寿命，最大限度地保证医护人员及患者安全。

三、操作常规

1. 准备工作
（1）电气检查：检查电线插头是否已插上。
（2）过氧化氢卡匣或罐装液体检查：检查过氧化氢用量是否充足，不充足需更换。
（3）灭菌舱的检查：密封圈真空密闭，如有破损应及时更换。
（4）彻底清洁、干燥需灭菌的物品及器械。
（5）选择适合的器械盒、医用外包装袋、化学指示卡。

2. 将物品置入灭菌舱内，物品之间应留有空隙，不可重叠和挤压。

3. 灭菌循环完成后即可打开门，取拿灭菌物品应戴手套，灭菌后的物品不要求通风，确认灭菌监测结果合格后即可使用。

四、技术故障与排除方法

过氧化氢低温等离子灭菌器的常见故障与排除方法见表11-7。

表 11-7 过氧化氢低温等离子灭菌器的常见故障及排除方法

故障现象	故障原因	排除方法
真空阶段失败	物品干燥不彻底	干燥器械、更换潮湿的包装材料
注射过氧化氢阶段失败	物品不兼容 灭菌剂的有效性	检查灭菌物品及包装材料 检查浓度监测系统
等离子阶段失败	物品触碰到灭菌舱	重新整理灭菌物品,不能接触到灭菌舱壁

五、维护与保养

1. 清洁、擦拭灭菌舱及面板。
2. 检查、更换过氧化氢卡匣。
3. 检查打印机功能,更换碳带、打印纸等消耗性物品。
4. 检查灭菌器门的运行。
5. 应定期请专业维修人员调整及维修灭菌器。

知识拓展

多腔／长龙清洗消毒机

多腔／长龙清洗消毒机是针对医院消毒供应中心的高效率智能化设备,设计和制造标准较高,制造工艺要求严格。

1. 设备处理量 四腔构造(第一腔为超声腔,第二腔为清洗腔,第三腔为消毒腔,第四腔为干燥腔),每腔每批次可处理≥15个DIN标准清洗篮筐(485mm×250mm×60mm)。

2. 设备材质 清洗舱及主要管路的材料采用耐酸、耐腐蚀的316L不锈钢。

3. 清洗消毒效果 控制设备内置电脑换算器,可在消毒阶段直接在面板上实时显示并记录热力消毒数字化水平参数——A0值,精确控制消毒效果。

4. 操作及显示系统 全中、英文操作及显示系统,面板可直接选择程序≥12个,可预设扩展程序≥99个,满足各种器械的处理需求。

5. 清洗系统 智能化清洗系统,机器可根据装载量的多少自动调节进水量和添加液的注入量,节约能源与耗材的使用。

6. 装卸载系统 全自动装卸载系统,装载台和卸载台均可存放两个层架,全自动装卸载及识别层架磁码,自动匹配相应程序。

7. 装载台 自动清洗功能装载台配置自动清洗系统,防止微生物的滋生,避免交叉感染。

多腔／长龙清洗消毒机可以实现层架的自动装卸流水线工作,节约场地和人员,节约清洗添加剂和水电等能源的消耗,可以极大地提高CSSD器械处置能力,可更好地为医院的正常运转提供保障、加快器械周转、减少基数投入、降低人力成本、提高效率和效益,同时对清洗消毒的过程自动电脑存档,便于医疗质量、医疗安全、医院感染控制数据的调用和追溯。

思考题

1. 请简述牙科手机清洗机的操作常规。
2. 请简述超声清洗机的工作原理。
3. 请简述预真空灭菌器的工作原理。
4. 请简述蒸汽清洗机的工作原理。
5. 请简述注油养护机的维修保养事项。

（林　洁）

教学大纲（参考）

一、课程概况

本课程内容包括绪论、口腔设备与信息技术、口腔设备的管理、口腔综合治疗台、口腔四手操作技术与环境设备要求、口腔内科临床设备、口腔颌面外科仪器设备的使用和维护、口腔修复仪器设备、口腔医学图像成像设备、口腔医院正压供气系统与中心负压抽吸系统以及口腔清洗消毒灭菌设备共十一章。总学时为 16 学时，其中理论课 9 学时，实践课 7 学时。要求重点掌握口腔综合治疗台的使用与维护、口腔四手操作技术与环境设备要求、口腔内科临床设备的使用与维护、口腔颌面外科仪器设备的使用与维护、口腔修复仪器设备的使用与维护。考核方式为闭卷考试，命题基本原则为掌握的内容占 70%，熟悉的内容占 20%，了解的内容占 10%；学科总成绩为 100 分，其中平时成绩占 40%，期末考试成绩占 60%。

二、课程目标

（一）知识目标

1. 掌握常用口腔设备的管理、口腔综合治疗台与牙科手机的使用、口腔四手操作技术与环境设备要求、口腔内科临床设备的使用、口腔颌面外科设备的使用、口腔修复设备的使用。

2. 熟悉口腔设备与信息技术、口腔医学图像成像设备、口腔医院正压供气系统与中心负压抽吸系统以及口腔清洗消毒灭菌设备。

3. 了解口腔设备学的发展史。

4. 通过学习能具备良好的思维能力，掌握和熟悉口腔专科设备的性能，简单故障的识别和排除，提高使用率，预防及减少事故的发生。

（二）技能目标

通过学习能具备良好的观察能力，正确使用、维护和管理口腔专科仪器设备的能力，更好地服务于临床工作的能力。

（三）素质目标

1. 具有良好的综合素质。

2. 树立严肃认真、实事求是和高度负责的科学态度。

三、学时分配

目　录	教学内容	理论学时	实践学时	总学时
第一章	绪论	0.5	0	0.5
第二章	口腔设备与信息技术	1	0	1
第三章	口腔设备的管理	1	0	1
第四章	口腔综合治疗台	1	1	2
第五章	口腔四手操作技术与环境设备要求	1	1	2
第六章	口腔内科临床设备	1	1.5	2.5
第七章	口腔颌面外科仪器设备的使用和维护	1	1.5	2.5
第八章	口腔修复仪器设备	0.5	0.5	1
第九章	口腔医学图像成像设备	0.5	0.5	1
第十章	口腔医院正压供气系统与中心负压抽吸系统	0.5	0	0.5
第十一章	口腔清洗消毒灭菌设备	1	1	2
合计		9	7	16

四、大纲使用说明

本教学大纲适用于高职护理（口腔护理专门化方向）专业，教学内容的要求分掌握、熟悉和了解 3 个层次。用双底线标识的内容为需要学生掌握的内容，要求教师对本部分内容应该做详细、反复、透彻的讲解，可进一步拓展相应的知识广度和深度；学生应认真听讲、反复仔细研读，理解本部分内容的内涵与外延。单底线标识的内容为需要学生熟悉的内容，要求教师讲清本部分的内容；学生应能理解涉及的有关知识。无底线标识的内容为需要学生了解的内容，一般为众所周知或一看便知的知识，教师可略讲或不讲，学生可听听或略读。用加粗、加黑标识的内容，是后继开设的课程必备的基础或日后工作常用的知识，是考试命题的主要内容，教师授课时应予突出，学生学习时应重点掌握。在右上角用"*"标识的内容为难点内容，教师在授课时应予以突破。

五、内容与要求

【绪论】

（一）内容简介

本章节主要介绍口腔设备学的发展史，口腔设备的标准化建设与管理，口腔医疗设备分类与发展特点。

（二）教学内容与要求

1. 口腔设备学的发展史

2. 口腔设备学的定义

3. 口腔设备学的传承与发展

4. 口腔设备的标准化建设*

5. 口腔设备的管理监督

6. **口腔医疗设备的分类**　按照使用与临床功能分类、按照设备的基本结构和原理分类、按照仪器设备的价值分类。

7. **口腔医疗设备的发展特点**　口腔医疗设备的高新技术融合、口腔数字化设备的发展。

（三）实践教学内容与要求

实践教学为习题课，不在课内安排，根据教学需要布置作业。

（四）教学方法与教学活动

以讲授法为主，辅以多媒体演示和讨论，练习做题。

（五）教学时数安排

总学时数为 0.5，其中理论学时数为 0.5，实践学时数为 0。

【口腔设备与信息技术】

（一）内容简介

本章主要介绍常见的数字化技术以及其在口腔设备中的应用、数字化口腔医院的基本架构、智慧医院的概念。

（二）教学内容与要求

1. 数字化信息技术的重要性

2. 常见的数字化技术

（1）多媒体技术。

（2）数字化制造技术。

（3）自助服务终端。

（4）大数据及云计算。

（5）虚拟现实技术。

（6）3D 打印技术。

（7）AI/ 机器人技术。

3. 数字化信息技术在口腔设备中的应用

（1）数字化诊断设备

1）数字化全景 X 线机。

2）锥形束 CT（CBCT）机。

3）口腔扫描仪。

4）数字化口腔内镜。

（2）数字化制造技术的应用

1）义齿加工机床。

2）3D 打印机。

（3）数字化治疗设备

1）数字声纳美容洁治系统。

2）数控隐形矫正系统。

3）数字根管测量仪和数字填充仪。

4）数码定位仪。

5）口腔手术机器人。

（4）口腔数字化医疗器械软件。

4. 数字化口腔医院与智慧医疗

（1）数字化口腔医院的基本架构。

（2）智慧医疗。

（三）教学方法与教学活动

以讲授法为主，辅以多媒体演示和讨论。

（四）教学时数安排

总学时数为1，其中理论学时数为1，实践学时数为0。

【口腔设备的管理】

（一）内容简介

本章主要介绍口腔设备管理的意义，具体任务和相关规章制度，处理流程。

（二）教学内容与要求

1. 口腔设备管理的意义、内容和具体任务

2. 口腔设备管理的基本制度

（1）计划编制

1）设备计划编制的依据。

2）设备计划编制的要求。

（2）仪器设备管理制度

1）仪器设备申购、验收及仓库管理：仪器设备申购管理制度、仪器设备验收制度、设备库房管理制度。

2）计量管理：计量器具发放、维护、保养、使用和报废，计量器具定期检测，计量器具封存，计量器具技术档案和资料保管制度。

3）精密仪器使用管理制度。

4）仪器设备使用操作规程。

5）仪器设备维修保养制度：仪器设备维修的主要任务，仪器设备维修管理流程，仪器设备的维护保养。

6）仪器设备使用前培训制度。

7）设备的损坏赔偿制度。

8）仪器设备报废处置制度。

9）仪器设备管理流程。

10）医疗设备使用安全与检查制度。

11）急救类、生命支持类医学装备应急处置预案*：预防措施、应急措施。

（三）教学方法与教学活动

以讲授法为主，辅以多媒体演示和讨论。

（四）教学时数安排

总学时数为1，其中理论学时数为1，实践学时数为0。

【口腔综合治疗台】

（一）内容简介

本章主要介绍口腔综合治疗台机、口腔治疗牙椅、高速手机、低速手机等设备的基本结构、工作原理、操作常规、故障与排除方法以及其维护与保养，口腔综合治疗台的基本功能。

（二）教学内容与要求

1. 口腔综合治疗台机　基本结构与工作原理、主要技术指标、**工作操作常规** *、技术故障与排除方法、维护与保养。

2. 口腔治疗牙椅　基本结构与工作原理、**工作操作常规** *、技术故障与排除方法、维护与保养。

3. 口腔综合治疗台的基本功能　为口腔疾病治疗和护理提供排湿、清洗、干燥等功能，提供清洁抗菌、舒适美观的工作环境功能，为患者提供可靠舒适的支撑及体位变换功能，为医、护、患三者提供优化的空间，控制功能和信息处理功能，环境保护功能与经济技术性能。

4. 气动涡轮手机　**滚珠轴承式涡轮手机**、空气浮动轴承式涡轮手机。

5. 气动马达手机　结构、工作原理、使用与操作常规、技术故障与排除方法、维护与保养。

（三）实践教学内容与要求

实践教学为习题课，不在课内安排，根据教学需要布置作业。

（四）教学方法与教学活动

以讲授法为主，辅以多媒体演示。

（五）教学时数安排

总学时数为2，其中理论学时数为1，实践学时数为1。

【口腔四手操作技术与环境设备要求】

（一）内容简介

本章节主要讲述的是PD"操作法"的核心观点是以人为中心，以零为基准。所谓以人为中心即一切与治疗有关的主、客观因素都要有利于为患者治病这一需要。这些因素主要通过工作环境、机械设备、甚至设备配置与安置的位置进行调整，以满足医生、护士和患者的共同要求。达到治疗过程中最低能耗、最佳效果。

（二）教学内容与要求

1. PD理论临床应用和要求

（1）PD操作的核心观点是"以人为中心，以感觉为基础，以'0'为概念"。

（2）将人体分为9个部位，躯体各部位"0"基础的标准。*

（3）医、护人员最舒适体位的要求。*

（4）PD技术的获得与系统训练。

2. 治疗室的安排与工作单元的设计

（1）四手操作技术配合的诊室配备要求。

（2）四手操作技术工作单元的设计。

（三）教学方法与教学活动

以授课为主，辅以多媒体演示和讨论，做练习题。

（四）教学时数安排

总学时数为2，其中理论学时数为1，实践学时数为1。

【口腔内科临床设备】

（一）内容简介

本章主要介绍临床口腔内科常用仪器设备。

（二）教学内容与要求

1. 口腔内科临床诊断仪器设备

（1）**牙髓电活力测试仪** *。

（2）牙周压力探针。

2. 口腔用内镜系统

（1）口腔内镜。

（2）牙周内镜。

（3）根管显微镜。

3. 口腔内科临床治疗仪器设备

（1）光固化机。

（2）根管长度测量仪。

（3）电动马达。

（4）热牙胶充填器。

（5）**超声波牙科治疗仪** *。

（6）喷砂机。

（7）牙种植机。

（8）STA 计算机控制局部麻醉系统。

（三）教学方法与教学活动

实施理论授课与实践的一体化教学，辅以多媒体演示。

（四）教学时数安排

总学时数为 2.5，其中理论学时数为 1，实践学时数为 1.5。

【口腔颌面外科仪器设备的使用和维护】

（一）内容简介

本章主要介绍颌面外科手术室及病房常用仪器设备的基本结构、工作原理、操作常规、常见技术故障与排除方法、使用及维护。

（二）教学内容与要求

1. 高频电刀

（1）基本结构：包括主机、电源线、电刀手柄、负极连线、负极板、双极脚踏开关、单极脚踏开关。

（2）工作原理：当机体组织与电刀头接触后，电能转换为热能，组织温度迅速上升使组织中的蛋白质变性。

（3）**操作常规：接通电源，选择工作模式及输出功率，连接负极板。** *

（4）**常见技术故障与排除方法** *

1）开机后不能完成自检。

2）电刀没有输出。

3）负极板指示警报灯报警。

（5）维护与保养。

2. 超声骨刀

（1）基本结构：包括主机、电源线、脚踏开关、冲洗液支撑杆、手柄及各类刀头。

（2）工作原理：利用换能器将电能转化为机械能，刀头在超声振动中将接触到的骨组织破坏。

（3）**操作常规**[*]。

（4）技术故障与排除方法。

（5）维护与保养。

3. 骨动力系统

（1）基本结构：包括主机、电源线、无级变速脚踏开关、手柄连线、各类手柄以及与手柄配套使用的钻针、磨头、锯片。

（2）工作原理：将电流动力通过马达驱动，带动手柄上钻针锯片等装置高速运动，使其刮削骨面，达到对骨骼进行切割、钻孔、打磨等目的。

（3）操作常规

1）连接电源线和脚踏。

2）连接手柄连线，选择机头手柄，安装钻针或锯片，调节输出功率。

3）连接机头手柄并试用机头手柄。

4）暂停使用时应将手柄置于安全区。

（4）**技术故障与排除方法：锯片或钻针不动、手柄发热、或钻针锯片抖动。**[*]

（5）维护与保养。

4. 超声切割止血刀

（1）基本结构：包括主机、电源线、换能器、超声切割止血脚踏开关、超声刀头等。

（2）工作原理：超声刀头的刀刃在以超声频率进行高频振动过程中，使与刀刃接触的组织内水分迅速气化、蛋白质氢链断裂、凝固变性及封闭脉管。

（3）操作常规

1）连接换能器。

2）连接超声刀头。

3）超声刀头功能自检。

4）选择输出功率。

（4）技术故障与排除方法：无法产生能量输出、显示报错代码。

（5）维护与保养。

5. 电动手术床

（1）基本结构：台面、升降柱、底座、床垫、电源线及手按控制板。

（2）工作原理：通过手术床内电动液压泵提供液压动力，控制各个液压缸运动，并通过手按控制板按键调节手术床进行各种位置的变换。

（3）操作常规

1）将手术床置于合适的位置。

2）根据手术体位要求安装附件。

3）根据手术需要调节手术床高度、倾斜度、背板、头板、肩部腿板高度及角度，完成手术床调节后要确保手术床处于锁定状态。

（4）技术故障与排除方法：无法开启手术床、电池指示灯闪烁。

（5）维护与保养。

6. 心电监护仪

（1）基本结构：电源板、背光板、电池、风扇、主控板。

（2）工作原理：通过感应系统接收患者的信息，经过导线输入到换能系统，进一步计算和分析，最后显示到监护仪屏幕上。

（3）操作常规

1）开机自检。

2）安置电极片，连接导线。

3）将 SpO_2 指套放置于患者示指上。

4）连接血压袖带。

5）**调节各监护参数的报警值。** *

（4）**常见技术故障与排除方法：血压不能测量、测量值不正确、无血氧数值。** *

（5）维护与保养。

7. 注射泵

（1）基本结构：步进电机、驱动器、丝杆和支架。

（2）工作原理：单片机系统发出控制脉冲使步进电机旋转，而步进电机带动丝杆将旋转运动变成直线运动，推动注射器的活塞进行注射输液。

（3）操作常规

1）接通电源。

2）将抽取药液后的注射器固定在注射泵的注射器固定槽里。

3）按 Band 键后按 Enter 键输入，再按 Size 键后，用数字键选定注射器的规格，按 Enter 键输入。

4）输入所需给药速度，按 Enter 键输入。

5）按 Start 键开始给药。

（4）**常见技术故障与排除方法：出现电池符号、压力报警。** *

（5）维护与保养。

8. 电动吸引器

（1）基本结构：机座、电动机、真空泵、安全阀、真空表、脚开关、吸引容器。

（2）工作原理：马达带动偏心轮，从吸气孔吸出瓶内空气，并由排气孔排出，不断循环转动，使瓶内产生负压，将痰液吸出。

（3）操作常规

1）接通电源，检查吸引器性能。

2）试吸。

3）将吸痰管以零负压状态插入患者咽喉。

4）左右旋转，向上提出，吸引痰液。

（4）**常见技术故障与排除方法：吸引管不畅、痰液逆流、压力过小。** *

（5）维护与保养。

9. 压缩雾化吸入机

（1）基本结构：压缩机、电源线、雾化连接导管、雾化口含嘴。

（2）工作原理：利用压缩空气通过细小管口形成高速气流，产生的负压带动液体或其他流体一起喷射到阻挡物上，在高速撞击下向周围飞溅，使液滴变成雾状微粒从出气管喷出。

（3）操作常规

1）将雾化连接导管与压缩机、雾化口含嘴或面罩相连，将药液放入雾化罐内。

2）接通电源。

3）将口含嘴放入患者口中，或面罩放在口鼻部。

4）雾化过程中指导患者均匀做深呼吸。

（4）常见技术故障与排除方法：活塞片磨损、汽缸或风扇断裂、保险丝烧坏、电源或电源线损坏。

（5）维护与保养。

10. 麻醉机

（1）基本结构：气源和供气系统、蒸发器、麻醉机回路、风箱、测量计、监测及安全保障系统。

（2）工作原理：通过机械回路为患者提供麻醉气体，将麻醉药送入患者的肺泡，形成麻醉药弥散到血液，对中枢神经系统直接发生抑制作用。

（3）操作常规。

（4）常见技术故障与排除方法：低压报警、麻醉机工作失常、气道压力上线报警。

（5）维护与保养。

11. 无创呼吸机

（1）基本结构：限压阀、湿化器、气道阻力表、呼吸阀。

（2）工作原理：吸气时呼吸机通过一定的高压力把空气压进人的肺部，呼气时机器给予较低的压力使人把 CO_2 由口或鼻从面罩上面的排气孔排出体外。

（3）操作常规

1）连接电源、氧源。

2）呼吸机内湿化罐注湿化液，安置湿化罐。

3）将鼻罩/面罩，头带及呼吸机管路与呼吸机相连。

4）启动呼吸机。

5）调整呼吸机各工作参数。

6）固定鼻罩/面罩，指导患者有效的呼吸技巧。

7）观察病情，调整参数。

（4）常见技术故障与排除方法：漏气、患者不耐受、人机不同步、排痰障碍。

（5）维护与保养。

12. 除颤仪

（1）基本结构：除颤充电、除颤放电、电源、控制电路。

（2）工作原理：在极短时间内给心脏通以强电流，可使所有心脏自律细胞在瞬间同时除极化，心律转复为窦性。

（3）操作常规

1）判断患者心电图为室颤。

2）患者平卧，充分暴露胸部。

3）涂抹导电糊，选择能量，非同步模式。

4）充电。

5）电极板分别用力压在左腋前线第 5～6 肋间、右锁骨中线第 2 肋间。*

6）确认清场后放电。

7）未恢复者继续除颤，并增加能量。

（4）常见技术故障与排除方法：低电压、无 ECG 显示、无法除颤、电磁干扰。

（5）维护与保养。

（三）实践教学内容与要求

实践教学为习题课，不在课内安排，根据教学需要布置作业。

（四）教学方法与教学活动

以讲授法为主，辅以多媒体演示和讨论，练习做题。

（五）教学时数安排

总学时数为 2.5，其中理论学时数为 1，实践学时数为 1.5。

【口腔修复仪器设备】

（一）内容简介

本章主要介绍口腔修复常用仪器设备主要操作常规、技术故障与排除方法、使用和维护方法。

（二）教学内容与要求

1. **CAD/CAM 计算机辅助设计与制造系统**　操作常规、技术故障与排除方法、工作原理、**维护与保养方法。** *

2. **石膏打磨机**　操作常规、技术故障与排除方法、工作原理、**维护与保养方法。** *

3. **抛光打磨机**　操作常规、技术故障与排除方法、工作原理、**维护与保养方法。** *

4. **压膜机**　操作常规、技术故障与排除方法、工作原理、**维护与保养方法。** *

5. **电脑比色仪**　操作常规、技术故障与排除方法、工作原理、**维护与保养方法。** *

6. **3D 打印机**　操作常规、技术故障与排除方法、工作原理、**维护与保养方法。** *

（三）实践教学内容与要求

实践教学为操作训练，根据教学安排实操训练。

（四）教学方法与教学活动

以讲授法为主，辅以多媒体演示、模型教学。

（五）教学时数安排

总学时数为 1，其中理论学时数为 0.5，实践学时数为 0.5。

【口腔医学图像成像设备】

（一）内容简介

本章主要介绍临床中最常见的数字化口腔医学图像成像设备（数字化牙科 X 线机、数字化曲面体层 X 线机，锥形束 CT 机）的基本结构、工作原理、操作常规、常见故障及日常维护。

（二）教学内容与要求

1. **数字化牙科 X 线机**

（1）基本结构与工作原理

1）牙科 X 线机的结构：X 线机头、活动臂和控制系统。

2）数字化成像系统：直接数字化成像系统和间接数字化成像系统。

3）数字化成像系统的工作原理：从 X 线信号向模拟数字信号的转换，最后形成图像。*

（2）主要技术指标：管电压、管电流及焦点。

（3）操作常规。

（4）技术故障与排除方法。

（5）维护与保养。

2. 数字化曲面体层 X 线机

（1）基本结构与工作原理

1）基本结构：X 线机、传感器和计算机系统。

2）投照原理：利用体层摄影及狭缝原理，一次性曝光就可将上下颌骨及全牙列投照在一张图像上。

3）数字化成像原理：X 线信号→光信号→电信号→模拟数字信号→计算机后处理→图像呈现。

（2）主要技术指标：管电压、管电流及焦点。

（3）操作常规。

（4）技术故障与排除方法。

（5）维护与保养。

3. 锥形束 CT 机

（1）基本结构与工作原理

1）基本结构：X 线成像设备、数字化传感器和计算机系统。

2）工作原理：从 X 线信号向模拟数字信号的转换，最后形成图像。

（2）主要技术指标：进行 180°～360°扫描，依靠反投影算法重建出整个目标体积的三维影像。

（3）操作常规。

（4）技术故障与排除方法。

（5）维护与保养。

（三）实践教学内容与要求

实践教学为现场参观设备、实际操作演练，安排在课堂教学之后进行，根据教学需要参观不同的口腔影像设备。

（四）教学方法与教学活动

以讲授法为主，辅以多媒体演示、视频及动画展示、模型教学等。

（五）教学时数安排

总学时数为 1，其中理论学时数为 0.5，实践学时数为 0.5。

【口腔医院正压供气系统与中心负压抽吸系统】

（一）内容简介

本章主要介绍口腔医院正压供气系统和中心负压抽吸系统的基本结构、工作原理、操作流程、日常维护保养以及使用注意事项。

（二）教学内容与要求

1. 正压供气系统

（1）基本结构与工作原理*。

（2）主要技术指标。

（3）操作常规和注意事项。

（4）技术故障与处理方法 *。

（5）维护与保养。

2. 医院中心负压抽吸系统

（1）基本结构与工作原理 *。

（2）主要技术指标。

（3）操作常规和注意事项。

（4）技术故障与处理方法 *。

（5）维护与保养。

（三）实践教学内容与要求

实践教学为现场参观设备、实际操作演练，安排在课堂教学之后进行，根据教学需要参观不同的口腔影像设备。

（四）教学方法与教学活动

以讲授法为主，辅以多媒体演示和讨论，练习做题。

（五）教学时数安排

总学时数为 0.5，其中理论学时数为 0.5，实践学时数为 0。

【口腔清洗消毒灭菌设备】

（一）内容简介

本章主要介绍口腔清洗设备、养护设备、包装设备、灭菌设备的操作常规、维护保养、基本结构、工作原理、常见故障与排除方法。

（二）教学内容与要求

1. 清洗消毒机

（1）基本结构。

（2）工作原理：清洗、消毒（93℃，10min*）干燥。

（3）操作常规：注意职业防护，避免烫伤。

（4）技术故障与排除方法。

（5）维护与保养：清洗需用软化水，水的电导率≤5μS/cm*。

2. 超声清洗机

（1）基本结构。

（2）工作原理：超声波的空化效应 *。

（3）操作常规：设定超声的频率 30～40kHz，温度<45℃，时间 5～10min*。

（4）技术故障与排除方法。

（5）维护与保养：超声选择的酶液应清澈透明，不发泡清洗剂 *；牙科手机不能超声清洗。

3. 蒸汽清洗机

（1）基本结构。

（2）工作原理：高温高压蒸汽的清洗。

（3）操作常规：注意职业防护，避免烫伤。

（4）技术故障与排除方法。

（5）**维护与保养：使用前应检查水容器里面的水，加热及升压状态不能加水，有引起烧伤的危险。** *

4. 注油养护机

（1）基本结构。

（2）工作原理：清洗、注油、养护一体化。

（3）操作常规。

（4）技术故障与排除方法。

（5）**维护与保养：定期检查及更换O形密封圈和气管过滤器。** *

5. 封口机

（1）基本结构。

（2）工作原理：封装即利用加热熔化包装材料的塑料面，同时加压使塑料和纸面粘贴且有一定强度，达到密闭封装的目的。

（3）**操作常规：封口处到包装器械的距离应≥2.5cm，密封宽度≥6mm。** *

（4）技术故障与排除方法。

（5）**维护与保养：使用前要进行封口性能测试，检查设定的参数。** *

6. 压力蒸汽灭菌器

（1）基本结构。

（2）工作原理：凡是耐高温、耐湿热的物品应首选压力蒸汽灭菌法进行灭菌处理，是安全、有效、经济的灭菌方法。

（3）操作常规：操作使用≥30L容积的压力蒸汽灭菌器的人员，必须具备特种设备固定压力容器上岗证书。

（4）技术故障与排除方法。

（5）维护与保养：安全阀每半年进行检测，压力表、温度计等计量仪表每年进行检测一次。

7. 过氧化氢低温等离子体灭菌器

（1）基本结构。

（2）工作原理：使用55%以上浓度的过氧化氢作为灭菌介质，在设定的温度（45～55℃）和真空条件下，通过过氧化氢气化、穿透和等离子过程对物品进行灭菌的装置。

（3）**操作常规：将物品置入灭菌舱内，物品之间应留有空隙，不可重叠和挤压。** *

（4）技术故障与排除方法。

（5）维护与保养：取拿灭菌物品应戴手套，灭菌后的物品不要求通风。

（三）实践教学内容与要求

实践教学为习题课，不在课内安排，根据教学需要布置作业。

（四）教学方法与教学活动

以讲授法为主，辅以多媒体演示和讨论，练习做题。

（五）教学时数安排

总学时数为2，其中理论学时数为1，实践学时数为1。

参考文献

[1] 何意静, 万呼春. 口腔医院医疗设备维护管理的现状及思考 [J]. 口腔疾病防治, 2013, 21 (6): 329-331.

[2] 张志君. 口腔设备学 [M]. 3 版. 成都: 四川大学出版社, 2008.

[3] 赵一姣, 王勇. 口腔医学与数字化制造技术 [J]. 中国实用口腔科杂志, 2012, 5 (5): 257-261.

[4] 缪卫东. 3D 打印技术在口腔医学领域中的应用及展望 [J]. 新材料产业, 2017 (11): 23-28.

53检